U0321902

中国大学生
计算机设计大赛
2014年 参赛
指南

中国大学生计算机设计大赛组织委员会 编

清华大学出版社
北 京

内 容 简 介

2014 年(第 7 届)中国大学生计算机设计大赛(以下简称"大赛")是由教育部高等学校计算机类专业教学指导委员会、软件工程专业教学指导委员会、大学计算机课程教学指导委员会、文科计算机基础教学指导分委员会、中国教育电视台、中国贸易服务协会联合主办的面向全国高校在校本科、高职高专学生的群众性、非盈利性、公益性的科技活动。

大赛的目的在于落实高等学校创新能力提升计划、《高等学校计算机基础教学发展战略研究报告暨计算机基础课程教学基本要求》与《高等学校文科类专业大学计算机教学要求》,进一步推动本科与高职高专学生计算机教学改革,激发学生学习计算机知识和技能的兴趣和潜能,提高其运用信息技术解决实际问题(就业及专业服务所需要)的综合能力,以培养德智体美全面发展、具有团队合作意识、创新创业能力的综合型、应用型的人才。大赛将本着公开、公平、公正的原则面对每一件作品。

为了更好地指导 2014 年的大赛,大赛组委会组织编写了《中国大学生计算机设计大赛 2014 年参赛指南》。

本书共分 8 章。由第 1 章大赛通知、第 2 章大赛说明及章程、第 3 章大赛组委会、第 4 章大赛内容与分类、第 5 章国家级竞赛与地方级竞赛、第 6 章参赛事项、第 7 章奖项设置与作品评比以及第 8 章获奖概况(2013 年获奖名单与 2013 年获奖作品选登)组成。

本书有助于规范参赛作品和提高大赛作品质量。因此是参赛院校,特别是参赛队指导教师的必备用书,也是参赛学生的重要参考资料。此外,也是从事多媒体教学很好的参考用书;而对于 2013 年已参赛获奖的师生,则具有一定的收藏价值。

图书在版编目(CIP)数据

中国大学生计算机设计大赛 2014 年参赛指南/中国大学生计算机设计大赛组织委员会编. —北京:清华大学出版社,2014

ISBN 978-7-302-36100-8

Ⅰ. ①中… Ⅱ. ①中… Ⅲ. ①大学生-电子计算机-设计-竞赛-中国-2014-指南　Ⅳ. ①TP302-62

中国版本图书馆 CIP 数据核字(2014)第 069671 号

责任编辑:谢　琛
责任校对:梁　毅
责任印制:沈　露

出版发行:清华大学出版社
　　　　网　　　　址:http://www.tup.com.cn,http://www.wqbook.com
　　　　地　　　　址:北京清华大学学研大厦 A 座　　　　　邮　　编:100084
　　　　社　总　机:010-62770175　　　　　　　　　　　　邮　　购:010-62786544
　　　　投稿与读者服务:010-62776969,c-service@tup.tsinghua.edu.cn
　　　　质　量　反　馈:010-62772015,zhiliang@tup.tsinghua.edu.cn
印　装　者:北京嘉实印刷有限公司
经　　销:全国新华书店
开　　本:185mm×260mm　　　　**印　张:**13.75　　　　**字　数:**339 千字
　　　　　附光盘 1 张
版　　次:2014 年 6 月第 1 版　　　　　　　　　　　**印　次:**2014 年 6 月第 1 次印刷
印　　数:1~1000
定　　价:59.00 元

产品编号:058769-01

▶▶▶▶

2014 年（第 7 届）中国大学生计算机设计大赛（以下简称"大赛"）是由教育部高等学校计算机类专业教学指导委员会、软件工程专业教学指导委员会、大学计算机课程教学指导委员会、文科计算机基础教学指导分委员会、中国教育电视台、中国贸易服务协会联合主办的面向全国高校在校本科、高职高专学生的群众性、非盈利性、公益性的科技活动。

大赛的目的在于落实高等学校创新能力提升计划，《高等学校计算机基础教学发展战略研究报告暨计算机基础课程教学基本要求》与《高等学校文科类专业大学计算机教学要求》，进一步推动高校本、专科各专业面向 21 世纪的计算机教学的知识体系、课程体系、教学内容和教学方法的改革，引导学生踊跃参加课外科技活动，激发其学习计算机应用技术的兴趣和潜能，提高其运用信息技术解决实际问题（就业及专业服务所需要）的综合能力，以培养德智体美全面发展、具有团队合作意识、创新创业能力的复合型、应用型的人才。

大赛作品的创作主题与学生就业需要很贴近，为在校学生提供了实践能力、创新创业的训练机会，为优秀人才脱颖而出创造了条件。大赛适应高校大学计算机课程教学改革实践与人才培养模式探索的需求，提高了学生智力与非智力素质。同时，大赛本着公开、公平、公正的原则面对每一件作品。因此，大赛受到高校的普遍重视与广大师生的热烈欢迎。

大赛赛事开始于 2008 年，至今已成功举办了 6 届。在大赛组织过程中，以中国人民大学、北京大学、北京语言大学、华中师范大学、东北师范大学、浙江传媒学院、西北大学、西安电子科技大学、陕西师范大学、云南师范大学、云南财经大学、广西艺术学院、云南交通职业技术学院与浙江大学为代表的广大教师作出了重要贡献。除了赛事的组织，有些还提供了有价值的建设性意见，各参赛学校在赛前培训辅导工作中则付出了艰辛的创造性劳动。

2014 年大赛分设软件应用与开发类、数字媒体设计类与计算机音乐创作类等领域，分本科组与高职高专组。决赛现场定于 2014 年 7 月下旬至 8 月，将先后在沈阳、昆明、郑州、杭州等地举办。

为了更好地指导 2014 年的大赛，在清华大学出版社的支持下，我们组织编写了《中国大学生计算机设计大赛 2014 年参赛指南》，同时把 2013 年获奖作品按竞赛题目分类，将有代表性、有特色的作品选编到本书一并出版，以作为创作 2014 年参赛作品时的参考。

本指南由卢湘鸿任主编，副主编（按姓氏笔画为序）为尤晓东、杨小平、郑世珏。指南共分 8 章。由第 1 章大赛通知、第 2 章大赛说明及章程、第 3 章大赛组委会、第 4 章大赛内容与分类、第 5 章国家级竞赛与地方级竞赛、第 6 章参赛事项、第 7 章奖项设置与作品评比以及第 8 章获奖概况（2013 年获奖名单与 2013 年获奖作品选登）组成。

相信本指南的出版，对于参赛作品的规范和整个大赛作品质量的提高，以及院校多媒体教学都会起到积极的作用。

对于本书中的问题，欢迎大家指正并提出建议。

中国大学生计算机设计大赛组织委员会

2014 年 1 月 18 日于北京

目　录

目 录

第1章 大赛通知

中国大学生计算机设计大赛组织委员会函件

关于举办"2014年(第7届)中国大学生计算机设计大赛"的

通　知

中大计赛函[2014]001号

各高等院校：

根据高等学校创新能力提升计划、进一步深化高校教学改革、全面提高教学质量的精神，切实提高计算机教学质量，激励大学生学习计算机知识和技能的兴趣和潜能，培养其创新能力及团队合作意识，运用信息技术解决实际问题的综合实践能力，以提高其综合素质，造就更多的德智体美全面发展、创新型、实用型、复合型人才，教育部高等学校计算机类专业教学指导委员会、软件工程专业教学指导委员会、大学计算机课程教学指导委员会、文科计算机基础教学指导分委员会、中国教育电视台、中国贸易服务协会决定继续联合主办"中国大学生计算机设计大赛"。

2014年(第7届)中国大学生计算机设计大赛参赛对象是2014年在校的本科生与高职高专生。本科组与高职高专组分别进行评比。

2014年大赛分设(1)软件应用与开发类、(2)教学课件类、(3)数字媒体设计类普通组、(4)数字媒体设计类专业组、(5)计算机音乐创作类、(6)数字媒体设计类中华民族文化组以及(7)软件外包服务类等类组进行竞赛。

数字媒体设计类普通组与专业组的参赛作品主题为：生命。

数字媒体设计类中华民族文化组作品主题为：民族建筑、民族服饰或民族手工艺品。

决赛城市：本科组，(1)至(5)在沈阳，(6)在宁波；(7)在杭州。高职高专所有组均在郑州。

决赛现场时间于2014年7月下旬至8月中旬陆续举办。

请根据"中国大学生计算机设计大赛章程"、《高等学校计算机基础教学发展战略研究报告暨计算机基础课程教学基本要求》、《高等学校文科类专业大学计算机教学要求》及大赛的相关规定组队参加，对指导教师的工作量及组队参赛的经费等方面给予必要的支持。

附件：2014年(第7届)大赛作品分类与竞赛分组

中国大学生计算机设计大赛组织委员会

2014年01月05日

大赛信息发布网站：(1) www.jsjds.org　　(2) www.wkjsj.org

咨询信箱：(1) baoming@jsjds.org　　(2) baoming@wkjsj.org

北京市海淀区学院路15号南894信箱　　邮编：100083　　电话：010-82303436

附件：2014 年（第 7 届）中国大学生计算机设计大赛作品分类与竞赛分组

1．软件应用与开发类

包括以下小类：

（1）网站设计。

（2）数据库应用。

（3）虚拟实验平台。

（4）科学计算。

2．教学课件类

包括以下小类：

（1）"计算机应用基础"课程片段微课件。

（2）"数据库技术与应用"课程片段微课件。

（3）"多媒体技术与应用"课程片段微课件。

（4）"Internet 应用"课程片段微课件。

（5）其他课件。

本类的参赛要求，参阅大赛官网发布的详细信息。

3．数字媒体设计类普通组（参赛主题：生命）

包括以下小类：

（1）计算机图形图像设计（含静态或动态的平面设计和非平面设计）。

（2）计算机动画。

（3）计算机游戏。

（4）交互媒体（含电子杂志）。

（5）移动终端。

（6）虚拟现实。

（7）DV 影片。

（8）其他。

4．数字媒体设计类专业组（参赛主题：生命）

包括以下小类：

（1）计算机图形图像设计（含静态或动态的平面设计和非平面设计）。

（2）计算机动画。

（3）计算机游戏。

（4）交互媒体（含电子杂志）。

（5）移动终端。

（6）虚拟现实。

（7）DV 影片。

（8）其他。

列入专业组的专业清单详见 2014 年参赛指南第 6 章"参赛事项"及大赛网站公告，最新清单以大赛网站公告为准。

5．计算机音乐创作类

包括以下小类：

（1）电子音乐——原创类。

（2）电子音乐——创编类（根据歌曲主题或其他音乐主题创编）。

（3）电子音乐——视频配乐类。

6．数字媒体设计类中华民族文化组（参赛主题：民族建筑，民族服饰，民族手工艺品）

包括以下小类：

（1）计算机图形图像设计（含静态或动态的平面设计和非平面设计）。

（2）计算机动画。

（3）交互媒体设计（含电子杂志）。

7．软件与服务外包类

本类的参赛要求，参阅大赛官网稍后发布的详细信息。

第2章 大赛说明及章程

2.1 大赛章程

一、总则

第1条 "中国大学生计算机设计大赛"（以下简称"大赛"）是由教育部高等学校计算机类专业教学指导委员会、软件工程专业教学指导委员会、大学计算机课程教学指导委员会、文科计算机基础教学指导分委员会、中国教育电视台、中国贸易服务协会联合主办的面向全国高校在校本科生、高职高专学生的非盈利性、公益性的群众性科技活动。

第2条 大赛目的：

1. 激发学生学习计算机知识和技能的兴趣和潜能，提高其运用信息技术解决实际问题的综合能力，为培养德智体美全面发展、具有团队合作意识、创新创业的复合型、应用型人才服务。

2. 进一步推动高校大学计算机课程有关计算机技术基本应用教学的知识体系、课程体系、教学内容和教学方法的改革，培养科学思维意识，切实提高计算机技术基本应用教学质量，展示其教学成果。

二、组织形式

第3条 大赛由教育部高校相关计算机教指委联合组成的中国大学生计算机设计大赛组织委员会主办，由高校（或与所在地方政府、省级高校计算机教指委、省级高校计算机教育研究会、企业等共同）承办，专家指导、学生参与、相关部门支持。

第4条 大赛由中国大学生计算机设计大赛组织委员会（以下简称"大赛组委会"）主持。大赛组委会是大赛的最高权力形式。大赛组委会由主办单位、教育行政等相关部门负责人和高校相关专家组成。大赛组委会下设计委员会、评比委员会、竞赛委员会（分类分组设立）等工作委员会及秘书处等部门。

大赛组委会及其下属的职能部门的组成由教育部相关的计算机教指委负责协商确定。

第5条 参加大赛各项工作的专家由大赛组委会或相应委员会聘任。

各工作委员会分别负责大赛对象确定、赛题拟定、报名发动、专家聘请、作品评比、证书印制、颁奖仪式举办、参赛人员食宿服务及其他赛务等工作。

三、大赛形式与规则

第6条 大赛全国统一命题。每年举办一次。现场决赛一般在暑假期间举行。赛事活动在当年结束。

第7条 大赛分为初评（含国赛初评或省级赛选拔）和（全国）现场决赛两个阶段。现场决赛可在承办单位所在地或其他合适的地点进行。

学校、省级或地区（大区）可自行、独立组织此大赛的预赛（选拔赛）。各级预赛作品所录名次与作品在全国大赛中参赛报名、评比、获奖等级无必然联系，不影响大赛独立评比和确定作品获奖等级。

第8条 参赛作品要求：

1. 符合国家宪法和相关法律、法规；内容健康，符合民族文化传统、公共道德价值、行业规范等要求。

2. 必须为原创作品。提交作品时,需同时提交该作品的源代码及素材文件。不得抄袭或由他人代做。

3. 除非是为本大赛所做的校级、校际、省级或地区(大区)选拔赛所设计的作品,凡参加过校外其他比赛并已获奖的作品,均不得报名参加本大赛。

4. 所有数字媒体设计创作类作品,均应选择当年大赛组委会设定的主题进行设计,否则视为无效。

第 9 条　大赛参赛对象:决赛当年在校的本科及高职高专的各专业学生。毕业班学生可以参赛,但入围全国决赛,则必须亲临参加决赛现场,否则将扣减该校下一年度的参赛名额。

第 10 条　大赛组队方式及各校各类别作品参赛名额,参阅第 6 章"参赛事项"6.4 节。若有变化将在大赛网站上公告。

第 11 条　参赛院校应安排有关职能部门负责预赛作品的组织、纪律监督以及内容审核等工作,保证本校竞赛的规范性和公正性,并由该学校相关部门签发组队参加大赛报名的文件。

第 12 条　学生参赛费用原则上应由参赛学生所在学校承担。学校有关部门要积极支持大赛工作,对指导教师要在工作量、活动经费等方面给予必要的支持。

第 13 条　参加决赛作品的版权由作品制作者和大赛组委会共同所有。参加决赛作品可以用制作者与组委会共同的名义发表,或分别由作品制作者或组委会的名义发表,或分别由作品制作者或组委会委托以第三方的名义发表。

四、评奖办法

第 14 条　大赛组委会本着公开、公平、公正的原则评审参赛作品。

第 15 条　通过大赛官网报名的参赛作品将按分类进行评审,大赛竞赛委员择优确定初步入围决赛的作品。

通过省级、大区赛报名参赛的作品,根据第 5 章和第 7 章的办法确定直推入围决赛的作品。

第 16 条　初步入围决赛的作品经公示、异议复审后确定最终入围决赛的作品,名单将在大赛网站公示,同时书面通知各参赛院校。

第 17 条　入围决赛作品将集中进行现场决赛。现场决赛包括作品展示与说明、作品答辩、作品点评等环节。

第 18 条　入围决赛作品评奖比例、评比要求等,按第 7 章相关规定办理。

五、公示与异议

第 19 条　为使大赛评比公开、公平、公正,大赛实行公示与异议制度。

第 20 条　对参赛作品,大赛组委会将分阶段(报名、入围、获奖)在大赛网站上公示,以供监督、评议。任何个人和单位均可提出异议,由大赛组委会竞赛委员会受理处置。

第 21 条　受理异议的重点是违反竞赛章程的行为,包括作品抄袭、不公正的评比等。

第 22 条　异议形式:

1. 个人提出的异议,须写明本人的真实姓名、所在单位、通信地址(包括联系电话或电子邮件地址等),并有本人的亲笔签名。

2. 单位提出的异议,须写明联系人的姓名、通讯地址(包括联系电话或电子邮件地址等),并加盖公章。

3. 仅受理实名提出的异议。大赛组委会对提出异议的个人或单位的信息给予保密。

第 23 条　与异议有关的学校的相关部门,要协助大赛组委会对异议进行调查,并提出处理意见。大赛组委会在异议期结束后一个月内向申诉人答复处理结果。

六、经费

第 24 条　大赛参赛队需按规定向大赛组委会缴纳报名费,参加决赛时需向承办单位缴纳赛务费。赛务费主要用途包括参赛人员费用(餐费、保险……)、评审专家交通补贴与餐费补贴、赛务费用(人员、场地、交通、设备、证书……)等。

第 25 条　在不违反大赛评比公开、公平、公正原则及不损害大赛及相关各方声誉的前提下,大赛接受各企业、事业单位或个人向大赛提供经费或其他形式的捐赠资助。

第 26 条　大赛属大学生非赢利性的公益性的群众性科技活动,所筹经费仅以满足大赛赛事本身的各项基本需要为原则。

七、附则

第 27 条　大赛赛事的未尽事宜将另行制定补充章程和规定,与本章程具同等效力。

第 28 条　本章程的解释权属大赛组委会。

2.2　大赛设计委员会工作章程

一、总则

第 1 条　大赛设计委员会是大赛组委会下属的工作委员会,受大赛组委会领导。

第 2 条　设计委员会根据"中国大学生计算机设计大赛章程"制定本章程。

二、组织

第 3 条　设计委员会设有主任、常务副主任、副主任、秘书长、副秘书长、委员及专家组。由秘书长负责处理日常事务。

第 4 条　设计委员会下设秘书组、设计与策划组、网站工作组。

第 5 条　设计委员会秘书组设在中国人民大学。

第 6 条　设计委员会主任、常务副主任、副主任、秘书长、副秘书长由大赛组委会聘任。

第 7 条　设计委员会委员和专家组专家须经院校、教育部高校计算机教指委委员或专家推荐,经设计委员会批准上报大赛组委会审核,由大赛组委会聘任。

三、职责

第 8 条　设计委员会职责:

与评比委员会及竞赛委员会配合,主要负责大赛主题、竞赛内容、命题原则、赛题内容、赛题征集、大赛网站建设与管理等工作。

第 9 条　秘书组职责:

1. 设计委员会的日常事务处理。

2. 每届大赛征题收集、整理和分发给专家组遴选。

3. 与设计委员会相关的其他工作。

第 10 条　设计与策划组职责：

1. 组织征题和命题。确定每届大赛的主题和竞赛内容,负责每届大赛的征题和命题工作,确定大赛选题。

2. 组织专家组专家对收集到的征题进行遴选和评比,确定每届大赛的选题。

3. 与评比委员会一起制定大赛评比方案和评分标准。

4. 协助竞赛委员会选定决赛环境和所用软件平台,搭建决赛环境。

第 11 条　网站工作组职责：

负责大赛网站的建设和维护,为每年的大赛提供网络支持。

四、章程修改与批准

第 12 条　对本工作委员会章程的修改,由设计委员会主任会议(正副主任、正副秘书长与相关委员参加)讨论通过,报大赛组委会批准后生效。

第 13 条　本章程的解释权属本委员会。

第 14 条　本章程自大赛组委会批准之日起生效。

2.3　大赛评比委员会工作章程

一、总则

第 1 条　大赛评比委员会是大赛组委会下属的工作委员会,受大赛组委会的领导。

第 2 条　评比委员会根据"中国大学生计算机设计大赛章程"制定本章程。

二、组织

第 3 条　评比委员会下设秘书组和若干评比专家组。

第 4 条　评比委员会设有主任、常务副主任、副主任、秘书长、副秘书长、委员及专家组专家。评比委员会由秘书长负责处理日常事务。

第 5 条　评比委员会秘书处设在北京大学。

第 6 条　评比委员会主任、常务副主任、副主任、秘书长、副秘书长、委员及专家组专家由大赛组委会聘任。

三、专家聘任

第 7 条　评比委员会专家组：

1. 评比委员会根据参赛队的数量来设置适量的专家组(包括初评专家组和决赛评比专家组)。每个专家组设组长、副组长各一名。

2. 评比专家应具有计算机或与大赛作品相关专业背景。各个专家组的成员,要包括来自计算机专业、非计算机专业以及艺术专业背景的专家,并且具有中级及以上职称。

第 8 条　为保证大赛评比工作的独立性和不受外界因素干扰,评比专家组成员名单不对外公布。

第 9 条　评比专家组所需专家须经有关院校,或教育部高校计算机教指委委员,或有关专家推荐,经评比委员会批准上报大赛组委会,在审核合格后由大赛组委会聘任并颁发聘书。

第 10 条　评比专家聘期为一年。

四、职责

第 11 条　评比委员会职责：

与设计委员会及竞赛委员会配合,主要负责制定每年度大赛的评比原则、评分标准、奖项设置、推荐评比专家等工作。

1. 制定大赛评审工作流程。

2. 制定大赛作品初评与决赛的具体评比方案和具体评分标准。

3. 组织作品的初评工作,确定参加决赛的参赛作品。

4. 指导评比工作,监督评比工作进程。在大赛决赛期间,与设计委员会一起召开评比专家全体会议,解释本届大赛主题、竞赛内容、评比方案及评分标准。

5. 汇总各评比专家组的评比结果,按照评分原则,统计作品的评比结果,确定参赛作品所获奖项。

6. 组织优秀作品的交流、展示、点评。

第 12 条　评比委员会专家组职责：

1. 组织并参加作品初评工作,选拔优秀作品进入决赛。

2. 组织并参加作品决赛答辩会。由专家组组长主持参赛作品的答辩会,听取作者对作品的设计演示,并向学生质疑。

3. 各专家可以要求作品作者提供与作品相关的辅助资料,以便于对参赛作品进行全面的评审。

4. 专家对作品的评定结果,以填写专家评分表的形式给出。

第 13 条　评比专家职责：

1. 依据大赛制定的评分标准和本人的专业知识,公平、公正、认真地评判每一份参赛作品。

2. 在评比中秉公办事,遵循职业操守,不弄虚作假,不徇私舞弊,不打人情分、互送分。

3. 评比专家不得参加对本校参赛作品的评比工作。

五、评比程序

第 14 条　直接报名参加国赛作品的初评。

程序如下：

1. 形式检查：大赛竞赛委员会赛务组对报名表格、材料、作品等进行形式检查。针对有缺陷的作品提示参赛队在规定时间内修正。对报名分类不恰当的作品纠正其分类。

2. 作品分组：对所有在规定时间内提交的有效参赛作品分组,并提交初评专家组进行初评。

3. 专家初评：由大赛组委会聘请初评专家评审组,对有效参赛作品进行初评。

4. 专家复审：评比委员会针对初评专家有较大分歧意见的作品,安排更多的专家进行复审。

5. 根据前述作品初评及复审的情况,初步确定参加决赛的作品名单,在网站上向社会公示,接受异议并对有异议的作品安排专家复审。

6. 公示结束后正式确定参加决赛的作品名单,通知参赛院校,并在大赛网站上公布。

第 15 条 直接报名参加省级或地区赛作品的初评。

直接报名参加省级或地区赛作品,不参加上述作品分组和专家初评环节,经省级赛或地区级赛后,直推进入公示名单。但不符合参赛要求的作品不得进入国赛决赛。

第 16 条 参赛作品决赛。

入围决赛队须根据决赛通知按时到达决赛承办单位参加现场决赛。包括作品现场展示与答辩、决赛复审等环节。

程序如下:

1. 参赛选手现场作品展示与答辩。

现场展示及说明时间不超过 10 分钟,答辩时间约 10 分钟。在答辩时需要向评比专家组说明作品创意与设计方案、作品实现技术、作品特色等内容。同时,需要回答评比专家的现场提问。评比专家综合各方面因素,确定作品答辩成绩。在作品评定过程中专家应本着独立工作的原则,根据决赛评分标准,独立给出作品答辩成绩。

"软件与服务外包"大类作品的竞赛要求,由大赛组委会在"中国大学生计算机设计大赛软件与服务外包竞赛方案设计"中另行规定。

2. 决赛复审。

答辩成绩分类排名后,根据大赛奖项设置名额比例,初步确定各作品奖项的等级。其中各类特等奖、一等奖、二等奖的候选作品,还需经过各评选专家组组长、副组长参加的复审会后,才能确定其最终所获奖项级别。必要时,可通知参赛学生参加复审的答辩或说明。

第 17 条 在决赛阶段,大赛组委会将组织优秀作品的交流及展示,由全体参赛师生参加,评比专家以书面形式点评。

六、章程修改与批准

第 18 条 对本工作委员会章程的修改,由评比委员会主任、秘书长联席会议讨论通过,报大赛组委会批准后生效。

第 19 条 本章程的解释权属本委员会。

第 20 条 本章程自大赛组委会批准之日起生效。

2.4 大赛竞赛委员会工作章程

一、总则

第 1 条 大赛竞赛委员会是大赛组委会下属的工作委员会,受大赛组委会领导。

第 2 条 竞赛委员会根据"中国大学生计算机设计大赛章程"制定本章程。

第 3 条 与设计委员会及评比委员会配合,主要负责每年度大赛本决赛区的比赛内容建议、评比专家的推荐、赛务组织、大赛网站的建设与维护等工作。

二、组织

第 4 条 根据大赛需要,在本科、高职高专下分类别设计多个竞赛委员会。每个竞赛委员会下设专家组、赛务组、秘书组和网站工作组等若干工作组。

第 5 条 每个竞赛委员会设有主任、常务副主任、副主任、秘书长、副秘书长、专家组组正副组长、赛务组正副组长及若干成员。

竞赛委员会由秘书长处理日常事务。

第 6 条　竞赛委员会主任、常务副主任、副主任、秘书长、副秘书长、专家组正副组长、赛务组正副组长、专家由大赛组委会聘任,有关工作人员由竞赛委员会聘任。

三、职责

第 7 条　秘书组职责:

与设计委员会、评比委员会一起制定大赛的方案,确定大赛赛务工作流程。

第 8 条　专家组职责:

1. 指导本赛区的总体设计。

2. 优化本赛区的竞赛内容。

3. 推荐本赛区的相关专家。

第 9 条　赛务组工作职责:

1. 大赛的信息发布。

2. 大赛的报名发动及报名。

3. 大赛通知收发。

4. 报名参赛作品的收集、整理和分发。

5. 经网络初评入围作品的网上公示。

6. 决赛场馆准备。

7. 参赛人员食宿服务。

8. 获奖证书印制。

9. 全国决赛颁奖仪式举办。

10. 大赛获奖作品的公示。

11. 获奖证书的公示及查询。

12. 其他赛务工作。

13. 与设计委员会、评比委员会一起选型与搭建决赛平台。

第 10 条　网站工作组职责:

负责与本竞赛委员会相关的网站建设和维护,并为大赛提供网络支持。

四、资产管理与使用原则

第 11 条　赛务工作委员会的经费来源。

1. 参赛报名费。

2. 各级教育管理部门的拨款和资助。

3. 企事业与社会各界的捐赠资助。

4. 决赛赛务费。

5. 其他合法收入。

第 12 条　本工作委员会经费必须用于本章程规定的业务范围和事业的发展。

第 13 条　本工作委员会应建立严格的财务管理制度,保证会计资料合法、真实、准确、完整。本工作委员会的资产管理必须执行国家规定的财务管理制度,接受组委会和财务部门的监督。

第 14 条　本工作委员会的资产,任何人不得侵占、私分和挪用。

五、章程修改与批准

第 15 条　对本工作委员会章程的修改,由竞赛委员会主任、秘书长联席会议讨论通过,报大赛组委会批准后生效。

第 16 条　本章程的解释权属本委员会。

第 17 条　本章程自大赛组委会批准之日起生效。

2.5　大赛秘书处工作章程

一、总则

第 1 条　大赛秘书处是组委会下属的工作委员会,受大赛组委会领导。

第 2 条　秘书处根据"中国大学生计算机设计大赛章程"制定本章程。

二、组织与职责

第 3 条　秘书处设有秘书长、副秘书长及若干成员。

第 4 条　秘书处秘书长、副秘书长及有关成员由大赛组委会聘任。

第 5 条　秘书处职责。

秘书处受大赛组委会委托负责大赛组委会的日常工作,对大赛组委会负责。

三、章程修改与批准

第 6 条　对本工作委员会章程的修改,由秘书长会议讨论通过,报大赛组委会批准后生效。

第 7 条　本章程的解释权属本委员会。

第 8 条　本章程自大赛组委会批准之日起生效。

第3章 大赛组委会

一、大赛组委会

2014年(第7届)中国大学生计算机设计大赛由中国大学生计算机设计大赛组织委员会(简称"大赛组委会")主办。

大赛组委会为本赛事的最高组织形式。由中央及地方主管教育行政部门、有关高校，以及承办单位的负责人及专家组成。

大赛组委会下设设计委员会、竞赛委员会、评比委员会、技术保障部、秘书处等机构。

1. 大赛组委会顾问(按姓氏笔画排序)：

    孙家广(清华大学)   陈国良(中国科技大学)   怀进鹏(北京航空航天大学)

    李　末(北京航空航天大学)

2. 组委会主任：

    周远清(教育部)

3. 组委会执行主任(按姓氏笔画排序)：

    李　廉(合肥工业大学)   靳　诺(中国人民大学)

4. 组委会(部分)副主任(按姓氏笔画排序)：

    韦　穗(安徽大学)   安黎哲(兰州大学)   刘益春(东北师范大学)

    陈　收(湖南大学)   杜小勇(中国人民大学)   李　浩(西北大学)

    李向农(华中师范大学)   李宇明(北京语言大学)   李晓明(北京大学)

    宋　毅(新疆自治区教育厅)   杨　丹(重庆大学)   张建华(辽宁省教育厅)

    邹　平(云南省教育厅)   姜茂发(东北大学)   康　宁(中国教育电视台)

    郭立宏(陕西省教育厅)   彭小健(浙江传媒学院)

    戴井冈(新疆生产建设兵团教育局)等

5. 组委会常务委员(不含主任、副主任，按姓氏笔画排序)：

    马殿富(北京航空航天大学)   王　浩(合肥工业大学)   尤晓东(中国人民大学)

    冯博琴(西安交通大学)   卢湘鸿(北京语言大学)   刘　强(清华大学)

    吕英华(东北师范大学)   何钦铭(浙江大学)

    李　畅(江苏经贸职业技术学院)   李凤霞(北京理工大学)

    杨小平(中国人民大学)   耿国华(西北大学)   龚沛曾(同济大学)

    蒋宗礼(北京工业大学)   温　涛(大连东软信息学院)   管会生(兰州大学)

6. 组委会秘书长：

    卢湘鸿(北京语言大学)

7. 组委会副秘书长(按姓氏笔画排序)：

    吕英华(东北师范大学)

    杨小平(中国人民大学)   尤晓东(中国人民大学)

大赛组委会其他副主任、副秘书长、成员以及组委会下属的设计委员会、竞赛委员会(本科分委员会、高职高专分委员会)、评比委员会、技术保障部、秘书处的组成，将另行公告。

二、大赛竞赛委员会（按大区按姓氏笔画排序）

刘志敏（北京大学）	李文新（北京大学）	杨小平（中国人民大学）
郑　莉（清华大学）	黄心渊（中国传媒大学）	赵　宏（南开大学）
罗朝晖（河北大学）	滕桂法（河北农业大学）	刘东升（内蒙古师范大学）
黄卫祖（东北大学）	张　欣（吉林大学）	张洪瀚（哈尔滨商业大学）
杨志强（同济大学）	顾春华（上海电力学院）	金　莹（南京大学）
陈汉武（东南大学）	吉根林（南京师范大学）	王晓东（宁波大学）
耿卫东（浙江大学）	潘瑞芳（浙江传媒学院）	钦明皖（安徽大学）
孙中胜（黄山学院）	杨印根（江西师范大学）	郝兴伟（山东大学）
甘　勇（郑州轻工业学院）	郭清溥（河南财经政法大学）	徐东平（武汉理工大学）
郑世珏（华中师范大学）	赵　欢（湖南大学）	彭小宁（怀化学院）
谷　岩（华南师范大学）	王志强（深圳大学）	陈尹立（广东金融学院）
陈明锐（海南大学）	吴丽华（海南师范大学）	曾　一（重庆大学）
唐　雁（西南大学）	匡　松（西南财经大学）	任达森（贵州民族大学）
杨　毅（云南农业大学）	张洪民（昆明理工大学）	刘敏昆（云南师范大学）
耿国华（西北大学）	冯博琴（西安交通大学）	许录平（西安电子科技大学）
管会生（兰州大学）	王崇国（新疆大学）	吐尔根·依布拉音（新疆大学）

第 4 章　大赛内容与分类

4.1　大赛内容主要依据

第 1 条　大赛内容主要依据。

1．教育部高等学校计算机基础课程教学指导委员会编写的《高等学校计算机基础教学发展战略研究报告暨计算机基础课程教学基本要求》与教育部高等学校文科计算机基础教学指导委员会编写的《高等学校文科类专业大学计算机教学要求》。

2．学生就业需要。

3．学生专业需要。

4．学生创新意识、创新创业能力以及国家紧缺人才培养需要。

5．国际现有具有重大影响或意义的大赛接轨的需要。

4.2　大赛分类与分组

第 2 条　2014 年(第 7 届)大赛作品分类与竞赛分组。

1．软件应用与开发类。

包括以下小类：

(1) 网站设计。

(2) 数据库应用。

(3) 虚拟实验平台。

(4) 科学计算。

2．教学课件类。

包括以下小类：

(1) "计算机应用基础"课程片段微课件。

(2) "数据库技术与应用"课程片段微课件。

(3) "多媒体技术与应用"课程片段微课件。

(4) "Internet 应用"课程片段微课件。

(5) 其他课件。

教学课件类的参赛要求,参阅大赛官网发布的详细信息。

3．数字媒体设计类普通组(参赛主题：生命)。

包括以下小类：

(1) 计算机图形图像设计(含静态或动态的平面设计和非平面设计)。

(2) 计算机动画。

(3) 计算机游戏。

(4) 交互媒体(含电子杂志)。

(5) 移动终端。

(6) 虚拟现实。

(7) DV 影片。

（8）其他。

4. 数字媒体设计类专业组（参赛主题：生命）。

包括以下小类：

（1）计算机图形图像设计（含静态或动态的平面设计和非平面设计）。

（2）计算机动画。

（3）计算机游戏。

（4）交互媒体（含电子杂志）。

（5）移动终端。

（6）虚拟现实。

（7）DV 影片。

（8）其他。

列入专业组的专业清单详见第 6 章"参赛事项"及大赛网站公告，最新清单以大赛网站公告为准。

5. 计算机音乐创作类。

包括以下小类：

（1）电子音乐——原创类。

（2）电子音乐——创编类（根据歌曲主题或其他音乐主题创编）。

（3）电子音乐——视频配乐类。

6. 数字媒体设计类中华民族文化组（参赛主题：民族建筑，民族服饰，民族手工艺品）。

包括以下小类：

（1）计算机图形图像设计（含静态或动态的平面设计和非平面设计）。

（2）计算机动画。

（3）交互媒体设计（含电子杂志）。

7. 软件与服务外包类。

包括小类另见通知（待发）。

4.3　大赛命题要求

第 3 条　大赛命题要求：

1. 竞赛题目应能测试学生运用基础知识的能力、实际设计能力和独立工作能力。

2. 题目原则上应包括基本要求部分和发挥部分，使绝大多数参赛学生既能在规定时间内完成基本要求部分的设计工作，又能便于优秀学生有发挥与创新的余地。

3. 作品题材要面向未来、多些想象力、创新力。

4. 命题应充分考虑到竞赛评审的可操作性。

4.4　应用设计题目征集办法

第 4 条　大赛应用设计题目征集办法。

1. 面向各高校有关教师和专家按此命题原则及要求广泛征集下一届大赛的竞赛题目。赛题以 4.1 节中大赛内容为依据，尽量扩大内容覆盖面，题目类型和风格要多样化。

2．设计委员会向各高校组织及个人征集竞赛题，以丰富题源。

3．各高校或个人将遴选出的题目，集中通过电子邮件或信函上报大赛设计委员会秘书处（通信地址及收件人：中国人民大学信息学院，邮编 100872，尤晓东；电子邮件：wkjsj@wkjsj.org）。

4．设计委员会组织命题专家组专家对征集到的题目认真分类、完善和遴选，并根据《大赛设计与策划委员会工作章程》决定最终命题。

5．根据本次征题的使用情况，大赛设计委员会将报请大赛组委会，对有助于竞赛命题的原创题目作者颁发"优秀征题奖"及适当的奖励。

第 5 章　国家级竞赛与地方级竞赛

5.1　竞赛级别

1. 为了提升国级赛作品的整体水平,除由中国大学生计算机设计大赛组委会组织的全国级别的大赛(简称国级赛或国赛)外,各校、省(直辖市、自治区)或地区(大区)可以针对国赛要求提前组织相应级别的选拔赛,作为国赛的预赛。选拔赛可以学校、多校、省、多省为单位的形式进行。

鼓励各校作品报名参加校级赛、校际级赛、省级赛、省际(地区)级赛的选拔赛。

2. 不少于两所且有着部属或省属重点院校参与的多校联合选拔赛,可视为省级赛事。

没有部属或省属重点院校参与的院校联赛不构成省级赛。

一个省(直辖市、自治区)一年内各自可以组办一个或两个省级赛。例如,2014 年若干部属华中科技大学联合武汉体育学院联赛,可构成省级赛。同时,若干部属华中师范大学联合湖北美术学院联赛,也可构成省级赛。同一院校不能同时参加两个省级赛。

3. 不少于两个不同省级赛事的多省联合选拔赛,可视为地区(大区)级赛事。

4. 院校可以跨省、跨地区参赛。

5. 凡已经开办省级赛、地区赛的省、市、自治区,除下列 10 中所列类别的作品外,均应参加省级赛或地区赛,获得推荐进入国赛决赛资格。

6. 未开办省级赛的省、市、自治区,统一在国赛平台报名参赛。须经初评、复审环节后获得进入国赛决赛资格。

7. 考虑到地区院校的不平衡性,全国除港、澳、台外,拟将 31 省(直辖市、自治区)的高等学校分属于六大区、两大类。

(1) 六大区(或称地区)如下:

华北(京、津、冀、晋、蒙)

东北(辽、吉、黑)

华东(沪、苏、浙、皖、闽、赣、鲁)

中南(豫、鄂、湘、粤、桂、琼)

西南(渝、川、贵、云、藏)

西北(陕、甘、青、宁、新)

(2) 两大类如下:

一类:京、津、冀、晋、辽、吉、黑、沪、苏、浙、皖、闽、赣、鲁、豫、鄂、湘、粤、渝、川、陕。

二类:蒙、桂、琼、贵、云、藏、甘、青、宁、新。

8. 各级别预赛系各自组织,独立进行,对其结果负责。地方级赛与国赛无直接从属关系。各级预赛作品所录名次与该作品在全国大赛中获奖等级也无必然联系。

9. 申请直推入围国赛决赛公示名额的各级预赛,需要向国赛组委会申请使用统一的竞赛平台。如果不使用统一竞赛平台,应按国赛要求向大赛组委会报送预赛相关数据。

10. 以下类别参赛作品,不论有无参与地区赛或省级赛,均需单独从国赛报名平台报名,并经过国赛专家组评审才能确定进入决赛资格:

（1）计算机音乐创作大类（含下属全部小类）。

（2）软件与服务外包大类（含下属全部小类）。

（3）科学计算小类。

5.2　预赛直推比例

1．各级别预赛应积极接受国赛组委会的业务指导，严格按照国赛规程组织竞赛和评比。按国赛规程组织竞赛和评比的省级赛或地区级赛，可从合格的报名作品中直接推选相应比例参加国赛的入围决赛公示的作品，不必再经国赛的初评环节。但前述 9 中所列类别参赛作品，不论有无参与地区赛或省级赛，均需单独从国赛报名平台报名，并经过国赛专家组评审才能确定进入决赛资格。

2．各类预赛按合格报名作品基数选拔后直推进入国赛的参赛作品比例为：

一类省级赛：赛后排名的前 45%。

二类省级赛：赛后排名的前 40%。

3．省级联赛，直推进入国赛决赛公示名单的比例按直推比例高的省级赛比例上浮 5%。

例如：

若二类青海省合格报名作品参与一类陕西举办的联赛，则竞赛后按混合作品总数前 50% 的比例直推国赛。

若二类青海省合格报名作品参与二类甘肃举办的联赛，则竞赛后按混合作品总数前 45% 的比例直推国赛。

4．上述各类数字按本科组与高职高专组分别统计，两组不得混淆。

各组还要分别按比赛类别（如软件应用与开发类、数字媒体设计类普通组、数字媒体设计类专业组）统计，各类之间不得混淆。

5.3　参赛要求

1．作品按本科与高职高专分组竞赛，不得跨组参赛。违者取消该作品及所在校所有作品的参赛资格。若该作品已获奖项，无论何时发现，均取消该作品及所在校所有作品的得奖资格，并追回所有奖状、奖牌。

2．各省级（或地区级）赛，赛后必须按国赛要求直推进入国赛的作品比例。省级（或地区级）赛的主办及承办单位，要对参赛每一所院校的权益负责。参赛院校，也要对赛事的主办及承办单位实行监督，一切按国赛规范处理。

若主办或承办单位虚报上推作品比例，一旦发现，取消该级赛区当年直推作品进入国赛的资格。

第6章 参赛事项

有关参赛事宜主要由大赛组委会下设的各个大赛竞赛委员会和评比委员会共同实施。

6.1 决赛现场赛务承办点的确定

为了把大赛决赛赛务工作做得更好,凡有条件愿意承办决赛赛务的单位,均可申请承办决赛赛务。

1. 申办基本条件

(1) 学校具有为大赛决赛成功举办的奉献精神并提供必要的支持。

(2) 承办地交通相对方便。

(3) 具有可容纳不少于 600 人的会场(一般体育馆不具备会场功能)。

(4) 可解决不少于 600 人的住宿与餐饮。

(5) 具有能满足大赛作品评比所需要的计算机软件、硬件设备。

2. 申办程序

(1) 以学校名义正式提出书面申请(盖学校公章)。

(2) 书面申请书寄至:100083(邮编),北京海淀区学院路 15 号南 894 信箱中国大学生计算机大赛组委会秘书处。

(3) 等候大赛组委会秘书处回复(一周之内即有信息返回)。

说明:

① 申请书上要注明计划承办哪一年哪一组(本科组/高职高专组)的大赛决赛赛务。

② 申办不明之处可咨询　　baoming@wkjsj.org　或　baoming@jsjds.org 或 luxh339@126.com　　联系电话:010-82303436　或　010-82500686

6.2 2014 年大赛日程与赛区

2014 年(第 7 届)中国大学生计算机设计大赛现场决赛于 2014 年 7 月下旬至 8 月举行。决赛现场根据参赛组别的不同分设沈阳、杭州、郑州等地。

一、决赛前日程

根据参赛分类与组别的不同,决赛前日程如下:

1. 软件应用与开发类(除科学计算小类)、教学课件类、数字媒体设计类省级赛与地区赛:

(1) 2014 年 3～5 月中旬,各省级赛、地区赛举行。

(2) 2014 年 5 月 20 日前,各级预赛结束,并向大赛组委会提交直推名单及相关参赛信息。

(3) 2014 年 6 月 5 日前,省级赛、地区赛直推作品完成国赛平台报名、资料填报及作品提交工作。

（4）2014年6月15日前，入围决赛作品公示，并接受异议、申诉和违规举报。

（5）2014年6月30日前，公布正式参加决赛作品名单。

2．软件应用与开发类（除科学计算小类）、教学课件类、数字媒体设计类国赛平台报名参赛：

（1）2014年4月15～5月15日，未举办省级赛、地区赛的省份参赛队伍通过大赛官方网站（http://www.jsjds.org）进行网上参赛报名，并按要求提交参赛作品。

（2）2014年5月15～20日，国赛平台报名作品信息审查。

（3）2014年6月10日前，上述国赛平台报名的作品初评完成。

（4）2014年6月15日前，入围决赛作品公示，并接受异议、申诉和违规举报。

（5）2014年6月30日前，公布正式参加决赛作品名单。

3．计算机音乐创作大类、科学计算小类均从国赛平台报名参赛：

（1）2014年4月15～5月15日，计算机音乐创作大类、科学计算小类参赛队通过大赛官方网站（http://www.jsjds.org）进行网上参赛报名，并按要求提交参赛作品。

（2）2014年5月15～20日，国赛平台报名作品的信息审查。

（3）2014年6月10日前，上述国赛平台报名的作品初评完成。

（4）2014年6月15日前，入围决赛作品公示，并接受异议、申诉和违规举报。

（5）2014年6月30日前，公布正式参加决赛作品名单。

4．软件服务外包大类作品从国赛平台报名参赛：

（1）2014年5月，软件服务外包大类参赛队通过大赛官方网站（http://www.jsjds.org）进行网上参赛报名，并按要求提交参赛作品。

（2）2014年6月，软件服务外包类作品信息审查、初评。

（3）2014年7月，入围决赛作品公示，并接受异议、申诉和违规举报。

（4）2014年7月30日前，公布正式参加决赛作品名单。

（5）参赛作品可由各省市的省级赛组委会推荐或高校自主报名。详见官网上的《2014年（第二届）中国大学生软件服务外包大赛参赛手册》。

二、决赛日程

根据参赛分类与组别的不同，决赛时间及地点如下：

1．2014年7月20～23日，在沈阳东北大学举行本科生软件应用与开发类、教学课件类、计算机音乐创作类作品现场决赛。

2．2014年7月24～27日，在沈阳东北大学举行本科生数字媒体设计类（普通组与专业组）现场决赛。

3．2014年8月1～4日，在浙江宁波大学举行本科生数字媒体设计类（中华民族文化组）作品现场决赛。

4．2014年8月7～10日，在杭州师范大学进行软件与服务外包类作品现场决赛。

5．2014年8月12～15日，在郑州中州大学举行高职高专所有类别作品现场决赛。

决赛结束后获奖作品在大赛网站公示，组委会安排专家对有争议的作品进行复审。

2014年10月正式公布大赛各奖项，在2014年12月底前结束本届大赛全部赛事活动。

如果有变化,以大赛官网公告和赛区通知为准。

6.3 参赛对象

1.决赛当年所有在校本科与高职高专学生。

毕业班学生可以参赛,但入围全国决赛,则必须参加决赛现场,否则将扣减该校下一年度参赛名额。

2.主题为"生命"的"数字媒体设计"类作品分为专业组与普通组进行竞赛。凡作者之一属于设计类、数字媒体类及其他相关专业(专业清单参见本章6.4节"数字媒体设计类作品应参加专业组竞赛的专业清单",该专业清单动态更新,最新的专业清单参见大赛网站)者,其"数字媒体设计"类("生命"主题)作品即参加专业组的竞赛;不属于上述范围的作品参加普通组的竞赛。

3."软件应用与开发类"、"教学课件"、"计算机音乐创作类"、"数字媒体设计类(中华民族文化组)"、"软件与服务外包类"作品竞赛参赛对象不分专业。

6.4 数字媒体设计类作品应参加专业组竞赛的专业清单

数字媒体设计("生命"主题)作品应参加专业组竞赛的专业清单如下:

(1)教育学、教育技术专业。

(2)艺术教育、学前教育专业。

(3)广告学专业与广告设计方向。

(4)广播电视新闻学专业。

(5)计算机科学与技术(数字媒体技术方向)。

(6)服装设计与工程专业。

(7)建筑学、城市规划、风景园林专业。

(8)工业设计专业。

(9)数字媒体艺术、数字媒体技术专业。

(10)广播电视编导、戏剧影视美术设计、动画、影视摄制专业。

(11)美术学、绘画、雕塑、摄影、中国画与书法专业。

(12)艺术设计学、艺术设计、会展艺术与技术专业。

所列清单为截至本书出版时确定的专业清单,其他尚未列示的与数字媒体、视觉艺术与设计、影视等相关专业,请咨询大赛组委会秘书处确认。

若有调整,以大赛官网公布的最新信息为准。

6.5 组队、参赛报名与作品提交

6.5.1 组队与领队

1.大赛只接受以学校为单位组队参赛。

2.参赛名额限制:

（1）2014 年大赛竞赛分为 7 个大类(组)：软件应用与开发类、教学课件类、数字媒体设计类普通组("生命"主题)、数字媒体设计类专业组("生命"主题)、数字媒体设计类中华民族文化组、计算机音乐创作类、软件与服务外包类。每个大类下设若干小类(详见第 4 章)。

（2）每校在每个小类下可提交 4 件作品报名参赛(数字媒体设计大类下各小类普通组与专业组，每校均可提供 4 个作品报名参赛)。

（3）每个小类下每校入围决赛作品数不超过 2 件(数字媒体设计大类下各小类普通组与专业组，每校入围决赛亦各不超过 2 件)。

（4）每个大类(组)下每校入围决赛作品数不超过 4 件。

3. 软件与服务外包大类每个参赛队可由同一所学校的 1～5 名学生组成，其他类组参赛队均由同一所学校 1～3 名学生组成。每队可以设置 2 名指导教师。

4. 决赛期间，各校都必须把参赛队成员的安全放在首位。参加决赛现场时，每校参赛队必须由 1 名领队带领。领队原则上由学校指定教师担任，可由指导教师(教练)兼任，也可以由经学校发文正式任命的年满 18 岁学生担任。

5. 每校参赛队的领队对本校参赛人员在参赛期间的所有方面负全责。没有领队的参赛队不得参加现场决赛。

6. 参赛院校应安排有关职能部门负责预赛作品的组织、纪律监督以及内容审核等工作，保证本校竞赛的规范性和公正性，并由该学校相关部门签发组队参加大赛报名的文件。

7. 学生参赛费用原则上应由参赛学生所在学校承担。学校有关部门要积极支持大赛工作，对指导教师要在工作量、活动经费等方面给予必要的支持。

6.5.2 参赛报名与作品提交

1. 通过网上报名和提交参赛作品。

参赛队应在大赛限定期限内参加省级赛或地区赛选拔，或者通过大赛网站 http://www.jsjds.org 在线完成报名工作，并在线提交参赛作品及相关文件。

2. 参赛作品不得违反有关法律、法规以及社会道德规范。参赛作品不得侵犯他人知识产权。

3. 所有作品播放时长不得超过 10 分钟，交互式作品应提供演示视频，时长亦不得超过 10 分钟。

4. "网站设计"小类作品：将于 2014 年 3 月 15 日左右在大赛官网公布代码规范，参赛者请按此规范编写代码，上传的作品将通过大赛平台自动部署，并主要据此进行评审。作为网站评审的重要因素，参赛者应同时提供能够在互联网上真实访问的网站地址(域名或 IP 地址均可)。

5. "数据库应用"小类作品：仅限于非网站形式的数据库应用类作品报此类别。凡以网站形式呈现的作品，一律按"网站设计"小类报名。数据库应用类作品应使用主流数据库系统开发工具进行开发。将于 2014 年 3 月 15 日左右在大赛官网公布开发规范，参赛者请按此规范编写代码，上传的作品将通过大赛平台自动部署，并主要据此进行评审。

6. "软件与服务外包"大类的详细参赛信息,参阅大赛组委会通过大赛官网发布的"中国大学生计算机设计大赛软件与服务外包竞赛方案设计"。

7. "计算机音乐创作"类作品音频的格式为 WAV 或 AIFF(44.1kHz/16/24bit,PCM)。若为 5.1 音频文件格式,请注明编码格式与编码软件;视频文件要求为 MPEG 或 AVI 格式。

8. 各竞赛类别参赛作品大小、提交文件类型及其他方面的要求,大赛组委会于 2014 年 3 月 15 日前在大赛官网(http://www.jsjds.org)陆续公告,敬请关注。

参赛提交文件要求如果有变更,以大赛网站 http://www.jsjds.org 公布信息为准。

9. 在线完成报名后,参赛队需要在报名系统内下载由报名系统生成的报名表,打印后加盖学校公章或学校教务处章,由全体作者签名后,拍照或扫描后上传到报名系统。纸质原件需在参加决赛报到时提交,请妥善保管。

10. 网上报名、提交作品、汇出报名费的截止日期均为 2014 年 5 月 15 日(省赛、地区赛直推作品的截止日期为 2014 年 5 月 31 日),逾期视为无效报名,没有参赛资格。

11. 参加决赛作品的版权由作品制作者和大赛组委会共同所有。参加决赛作品可以分别以作品制作者或组委会的名义发表,或以制作者与组委会的共同名义发表。

6.6　报名费汇寄与联系方式

6.6.1　报名费汇款地址及账号

1. 报名费缴纳范围。

(1) 参加省级赛与地区赛的作品,报名费由省级赛与地区赛组委会收取,请咨询各省级赛与地区赛组委会或关注省级赛与地区赛组委会发布的公告。

(2) 直接在国赛平台报名参赛的竞赛队伍,包括所在省市自治区没有举办省级赛或地区赛的竞赛队伍,及限定类别作品必须在国赛平台直接报名参赛的队伍,应向国赛组委会缴纳参赛报名费。

2. 报名费缴纳金额。

直接在国赛平台报名初评的每件作品,应缴纳的报名费为 100 元。

3. 报名费缴纳办法及发票开具事宜:

(1) 通过邮局的"邮政汇款"功能寄出(不能夹在信封里寄)。

(2) 报名费发票在报名结束后统一开具,集中寄发(有队参加决赛的院校在决赛参赛时领取,无队参加决赛的院校在 2014 年 10 月底前集中邮政挂号寄出)。

(3) 报名费汇款地址如下:

邮政编码:100872

北京市海淀区中关村大街 59 号

中国人民大学信息学院

武文娟　收

联系电话：010-62511258

---

4. 寄报名费时请在汇款单附言注明网上报名时分配的作品编号。例如，某校 3 件作品的报名费应汇出 300 元，同时在汇款单附言注明："A110011，B220345，C330567"。如果作品数较多附言无法写全作品编号，请分单汇出。

6.6.2　联系与咨询方式

1. 通信地址：

北京中国人民大学信息学院，邮政编码：100872。

2. 联系人：

尤晓东（010-82500686，138 0129 9179）

武文娟（010-62511258，186 1169 9209）

杨小平（010-62511127，136 0118 6162）

3. 大赛咨询信箱：

baoming@wkjsj.org。

6.7　参加决赛须知

1. 各决赛现场报到与决赛地点、从各赛区所在城市机场、火车站等到达决赛现场的具体线路，请于 2014 年 5 月 15 日后查阅大赛网站公告，同时在由承办学校寄发给决赛参赛队的决赛参赛书面通知中注明。

2. 决赛现场答辩包括 10 分钟作品演示和 10 分钟答辩（回答专家提问）。

3. 本届大赛经费由主办、承办、协办和参赛单位共同筹集。大赛统一安排食宿，费用自理。决赛参赛队每位成员（包括队员、指导教师和领队）各交纳赛务费 600 元。赛务费主要用途包括参赛人员费用（餐费、保险……）、评审专家交通补贴与餐费补贴、其他赛务开支（人员、场地、交通、设备、证书……）等。

4. 大赛承办单位应为所有参赛人员投保正式决赛日程期间人身保险。

5. 住宿安排：

请于 2014 年 5 月 15 日后查阅大赛网站公告或决赛参赛书面通知。

6. 返程车、船、机票订购：

请于 2014 年 5 月 15 日后查阅大赛网站公告或决赛参赛书面通知。

7. 决赛筹备处联系方式：

请于 2014 年 5 月 15 日后查阅大赛网站公告或决赛参赛书面通知。

说明：其他未尽事宜及大赛相关补充说明或公告，请随时参见大赛信息发布网站（http://www.jsjds.org 和 http://www.wkjsj.org）。

附1 2014年（第7届）中国大学生计算机设计大赛参赛作品报名表样

作品编号					（报名时由报名系统分配）
作品分类					
作品名称					
参赛学校					
网站地址					（网站类作品必填）

作者信息		作者一	作者二	作者三	作者四	作者五
	姓名					
	身份证				"软件与服务外包"类参赛作品可有1～5名作者,其他类别参赛作品为1～3名作者	
	专业					
	年级					
	信箱					
	电话					

指导教师1	姓名		单位	
	电话		信箱	
指导教师2	姓名		单位	
	电话		信箱	
单位联系人	姓名		职务	
	电话		信箱	

共享协议	作者同意大赛组委会将该作品列入集锦出版发行。
学校推荐意见	（学校公章或校教务处章）2014 年 月 日
原创声明	我(们)声明我们的参赛作品为我(们)原创构思和使用正版软件制作,我们对参赛作品拥有完整、合法的著作权或其他相关之权利,绝无侵害他人著作权、商标权、专利权等知识产权或违反法令或其他侵害他人合法权益的情况。若因此导致任何法律纠纷,一切责任应由我们(作品提交人)自行承担。 作者签名：1. _____ 2. _____ 3. _____ 4. _____ 5. _____
作品简介	
作品安装说明	
作品效果图	
设计思路	
设计重点和难点	
指导老师自评	
其他说明	

著作权授权声明

《　　　　　　　　　　　》为本人在"2014 年(第 7 届)中国大学生计算机设计大赛"的参赛作品,本人对其具有知识产权,本人同意中国大学生计算机设计大赛组委会将上述作品,及本人撰写的相关说明文字收录到中国大学生计算机设计大赛组委会编写的大赛作品集、参赛指南(指导)或其他相关集合中,自行或委托第三方以纸介质出版物、电子出版物、网络出版物或其他形式予以出版。

授权人:＿＿＿＿＿

2014 年　月　日

第7章 奖项设置与作品评比

7.1 奖项设置

7.1.1 个人奖项

1. 奖项等级

大赛个人奖项设为特等奖、一等奖、二等奖、三等奖、优胜奖。

2. 奖项数量

大赛奖项称为获奖基数。获奖基数由两部分组成：

(1) 由第 5 章 5.1 两大类院校直接报名参加全国大赛的有效作品总数按相应的比例构成,其中:

全国一类省(直辖市)院校有效作品总数的 45%。

全国二类省(自治区)院校有效作品总数的 40%。

(2) 由各院校报名参加各省级预赛或地区级(省级联赛)预赛的有效作品,根据第 5 章 5.2 节(预赛直推比例)推荐的作品总数。

3. 大赛个人奖项的设置比例

(1) 一等奖占获奖基数的 7%～10%。

(2) 二等奖占获奖基数的 30%。

(3) 三等奖占获奖基数的 50%。

(4) 优胜奖占获奖基数的 13%～10%。

在入围决赛作品中,特等奖视作品质量情况设置,授予国内一流水平的作品。若不具备条件,特等奖可以空缺。

特等奖不占获奖基数的名额。

4. 说明

(1) 各级获奖作品均颁发获奖证书及奖牌,获奖证书颁发给每名作者和指导教师,奖牌颁发给获奖单位。

(2) 大赛组委会可根据实际参加决赛的作品数量与质量,适量调整各奖项名额。

7.1.2 集体奖项

可根据参赛实际情况对参赛或承办院校设立优秀组织奖及精神文明奖。

1. 优秀组织奖授予组织参赛队成绩优秀或承办赛事等方面表现突出的院校。

2. 优秀组织奖颁发给满足以下条件之一的单位。如果某单位同时满足以下多项条件,一年中亦只授予一个优秀组织奖:

(1) 在本届大赛全部赛区累计获得 1 个或 1 个以上特等奖的单位。

(2) 在本届大赛全部赛区累计获得 3 个或 3 个以上一等奖的单位。

(3) 在本届大赛全部赛区累计获得 7 个或 7 个以上不低于二等奖(含二等奖)的单位。

(4) 在本届大赛全部赛区累计获得 12 个或 12 个以上不低于三等奖(含三等奖)的单位。

（5）在本届大赛全部赛区累计获得不少于 16 个（含 16 个）各级奖项的单位。

（6）顺利完成大赛赛事（含报名、初评及决赛等）的承办单位。

3．精神文明奖经单位或个人推荐，由大赛组委会组织审核确定。

4．优秀组织奖及精神文明奖只颁发奖牌给学校，不发证书。

7.2　评比形式

大赛赛事分为两个阶段：一是国赛的网上初评或地方级选拔赛的直推，二是现场决赛。

7.2.1　国赛初评

对于直接在国赛平台报名参赛的作品，包括未设省级赛和地区赛的省份作品，及要求直接在国赛平台报名的几类作品（计算机音乐创作大类、软件与服务外包大类、科学计算小类），由大赛组委会安排初评。初评阶段包括形式检查、作品分组、专家初评、网上公示、专家复审等环节。

1．形式检查：大赛竞赛委员会赛务组对报名表格、材料、作品等进行形式检查。针对有缺陷的作品提示参赛队在规定时间内修正。对报名分类不恰当的作品纠正其分类。

2．作品分组：对所有在规定时间内提交的有效参赛作品分组，并提交初评专家组进行初评。

3．专家初评：由大赛组委会聘请初评专家评审组，对有效参赛作品进行初评。

4．专家复审：大赛评比委员会针对初评专家有较大分歧意见的作品，安排更多专家进行复审。

5．网上公示：根据前述作品初评及复审的情况，初步确定参加决赛的作品名单，在网站上向社会公示，接受异议并对有异议的作品安排专家复审。

6．决赛入围作品公布与通知：公示结束后正式确定参加决赛的作品名单，在大赛网站上公布，并通知参赛院校。

7.2.2　省级赛（或地区赛）直接推荐

各省级预赛和跨省预赛按规定比例（参见第 5 章）直推入围决赛公示名单的作品，不必再经网上初评，而直接进入网上公示环节。但不符合参赛条件的作品（包括不符合参赛主题、不按要求进行报名和提交材料等），不能进入决赛。

以下类别参赛作品，不论有无参与地区赛或省级赛，均需单独从国赛报名平台报名，并经过国赛专家组评审才能确定进入决赛资格：

（1）计算机音乐创作大类（含下属全部小类）。

（2）软件与服务外包大类（含下属全部小类）。

（3）科学计算小类。

7.2.3　现场决赛

现场决赛包括作品现场展示与答辩、决赛复审等环节。

入围决赛队须根据通知按时到达决赛承办单位参加现场决赛。包括作品现场展示与答辩、决赛复审等环节。

1．参赛选手现场作品展示与答辩。

现场展示及说明时间不超过 10 分钟,答辩时间约 10 分钟。在答辩时需要向评比专家组(下面简称"评审组")说明作品创意与设计方案、作品实现技术、作品特色等内容。同时,需要回答评比专家(下面简称"评委")的现场提问。评委综合各方面因素,确定作品的答辩成绩。在作品评定过程中评委应本着独立工作的原则,根据决赛评分标准,独立给出作品的答辩成绩。

"软件与服务外包"大类的作品竞赛要求,参见大赛组委会在大赛官网发布的"中国大学生计算机设计大赛软件与服务外包竞赛方案设计"。

2．决赛复审。

答辩成绩分类排名后,根据大赛奖项设置名额比例,初步确定各作品奖项的等级。其中各类特等奖、一等奖、二等奖的候选作品,还需经过各评选专家组组长、副组长参加的复审会后,才能确定其最终所获奖项级别。必要时,可通知参赛学生参加复审的答辩或说明。

3．作品展示与交流。

在决赛阶段,大赛组委会将组织优秀作品的交流及展示,由全体参赛师生参加,评委点评。

4．获奖作品公示。

对获奖作品进行公示,接受社会的最后监督。

7.3　评比规则

大赛评比的原则是公开、公平、公正。

7.3.1　评奖办法

1．大赛组委会根据各竞赛委员会建议,从通过评比委员会资格认定的专家库中聘请专家组成本届赛事评委会。按照比赛内容分小组进行评审。评审组将按统一标准从合格的报名作品中评选出相应奖项的获奖作品。

作品初评阶段通过网络进行,决赛评比分别在各决赛承办单位现场进行。

2．大赛所有评委均不得参与本校作品的评比活动。

3．对违反大赛章程的参赛队,一经发现,取消参赛资格,获得的成绩无效,并对所在院校予以警告和通报批评,并取消该校所有队的参赛资格。

4．对违反参赛作品评比和评奖工作规定的评奖结果,大赛组委会不予承认。

7.3.2　作品评审办法与评审原则

"软件与服务外包"大类的作品竞赛与评审要求,参见大赛组委会在大赛官网发布的"中国大学生计算机设计大赛软件与服务外包竞赛方案设计"。

考虑到不同评委的评分基准有差异、同类作品不同评审组间的横向比较等因素,初评阶段和决赛答辩阶段的评审办法分别如下。

1．初评阶段

(1) 每件作品初始安排 3 名评委进行评审,每名评委依据评审原则给出对作品的评价值(分别为强烈推荐、推荐、不推荐),不同评价值对应不同得分。具体分值如下:

强烈推荐,计 2 分。

推荐,计 1 分。

不推荐,计 0 分。

(2) 合计 3 名评委的评价分,根据其值的不同分别处理如下:

① 如果该件作品初评得分值不低于 3 分(含 3 分),则进入决赛。

② 如果该件作品初评得分为 2 分,则由初评阶段的复审专家小组复审作品,确定该作品是否进入决赛。

③ 如果该件作品初评得分为 1 分,则由大赛组委会根据已经确定能够入围决赛的作品数量来决定是否安排复评。如果不安排复评,则该作品在初评阶段被淘汰,不能进入决赛。如果安排复评,则由初评阶段的复审专家小组复审作品,确定该作品是否进入决赛。

2. 决赛答辩阶段

(1) 决赛答辩时,每个评审组的评委依据评审原则及评分细则分别对该组作品打分,然后从优到劣排序,序值从小到大(1、2、3…)且唯一、连续(评委序值)。

(2) 每组全部作品的全部专家序值分别累计,从小到大排序,评委序值累计相等的作品由评审组的全部评委核定其顺序,最后得出该组全部作品的唯一、连续序值(小组序)。

① 如果某类全部作品在同一组内进行答辩评审,则该组作品按奖项比例、按作品小组序拟定各作品的奖项等级,报复审专家组核定。

② 如果某类作品分布在多个组内进行答辩评审,由各组将作品的小组序上报复审专家组,由复审专家组按序选取各组作品进行横向比较,核定各作品奖项初步等级。

③ 在复审专家组核定各作品等级的过程中,可能会要求作者再次进行演示和答辩。

(3) 复审专家组核定各作品等级后,报大赛组委会批准。

3. 作品评审原则

(1) 初评和决赛阶段,评委根据以下原则评审作品:

软件应用与开发类:运行流畅、整体协调、开发规范、创意新颖。

数字媒体设计类:主题突出、创意新颖、技术先进、表现独特。

计算机音乐创作类:主题生动、声音干净、结构完整、音乐流畅。

(2) 决赛答辩阶段,还要求作品介绍明确清晰、演示流畅不出错、答辩正确简要、不超时。

第 8 章 获奖概况

8.1 2013 年（第 6 届）中国大学生计算机设计大赛优秀组织奖获奖名单

获奖学校	颁奖赛区	获奖学校	颁奖赛区	获奖学校	颁奖赛区	获奖学校	颁奖赛区
北京大学	赛区3-昆明	华中科技大学	赛区3-昆明	沈阳师范大学	赛区5-杭州	玉溪农业职业技术学院	赛区4-昆明
北京语言大学	赛区3-昆明	江西师范大学	赛区3-昆明	苏州市职业大学	赛区4-昆明	云南财经大学	赛区3-昆明
德州学院（本科）	赛区2-杭州	昆明理工大学	赛区2-杭州	武昌职业学院	赛区4-昆明	云南交通职业技术学院	赛区4-昆明
德州学院（高职）	赛区4-昆明	辽宁工业大学	赛区4-昆明	武汉理工大学	赛区3-昆明	浙江传媒大学	赛区1-杭州
东北大学	赛区2-杭州	深圳职业技术学院	赛区2-杭州	武汉音乐学院	赛区4-昆明	中国人民大学	赛区3-昆明
广西师范大学	赛区5-杭州	沈阳化工大学	赛区5-杭州	西安电子科技大学	赛区5-杭州		
杭州师范大学	赛区2-杭州	沈阳建筑大学	赛区2-杭州	新疆农业职业技术学院	赛区5-杭州		

注：如果某单位多次满足获奖条件，亦只授予一次优秀组织奖。

8.2 2013 年（第 6 届）中国大学生计算机设计大赛作品获奖名单

注："奖项"按"奖项+作品编号"排序。

奖项	作品编号	大类（组）	作品名称	参赛学校	作者	指导教师
1	BAHE3202049	媒体设计专业组	水润徽州	安徽大学	曹阳蕾、黄秀珍、刘麟凤	陈成亮
1	BBJA4101110	计算机音乐	呷呀咧哟	中国传媒大学	汤宁娜	王铉
1	BBJA4101111	计算机音乐	谜画	中国传媒大学	林璐	王铉
1	BBJA5300619	媒体设计民族文化组	葫芦禀生	北京工业大学	张文丽、赵旸、刘荣颖	张岩

续表

奖项	作品编号	大类(组)	作品名称	参赛学校	作者	指导教师
1	BBJA5301292	媒体设计民族文化组	《古戏台》交互装置	北京工业大学	陈思羽,岳菁青,王家斌	吴伟和
1	BBJC1100550	软件开发	北大助手	北京大学	王瑞馨,胥翔宇	邓习峰
1	BBJC2401014	媒体设计普通组	未来城市,在水一方	中国政法大学	刘璧姣,黄颖健,张孟卿	王宝珠,王立梅
1	BBJC2701036	媒体设计普通组	上善若水	北京体育大学	张琪,王璐,胡相州	陈志生
1	BBJC3300033	媒体设计专业组	ICHTUS鱼(依赫休斯)	中国人民大学	王雅坤,胡文合	
1	BBJC3701037	媒体设计普通组	清·河	北京体育大学	王泽平,徐佳璧,张娴	陈志生
1	BCQE1401837	软件开发	基于Android平台的手机遥控小车巡回温度检测系统	重庆三峡学院	刘伟,夏武	蒋万君
1	BGDA1600736	软件开发	迈克尔逊干涉条纹的智能远程检测控系统研究	广东外语外贸大学	黄晓旋,杨志成,司徒达彤	马文华
1	BHBA1100498	软件开发	咚咚锵·京剧科普网	华中科技大学	周露曦,周聪,陈菲	王朝霞
1	BHBA3200137	媒体设计专业组	疯狂的水滴	中南民族大学	姜康,刘小虎,魏杰	赖义熊
1	BHBA3400509	媒体设计专业组	水·乡	华中科技大学	王婵娟,谢梦茹,徐小石	胡怡
1	BHBA4101431	计算机音乐	醉笛	武汉音乐学院	曹健	李鹏云
1	BHBA5200166	媒体设计民族文化组	最美童年	中南民族大学	张琪,夏柯南,段美英	李苦,夏晋
1	BHBA5300652	媒体设计民族文化组	汉韵"衣"旧	湖北理工学院	李斌,袁文骏,琥璟明	刘满中,张红华
1	BHND120943	软件开发	精简版机械设计手册(涵盖范围:部分内容)	湖南大学	章鸿滨,李奕寰,肖亚彬	谌霖霖,周虎
1	BHND3100956	媒体设计专业组	渴	湖南大学	张伟,李俊	周虎,李小英
1	BJSA1101039	软件开发	Wanting微博系统的设计及实现	东南大学	王辰,吕永涛,司坦	杨全胜,陈伟
1	BJSE112464	软件开发	红酒主题网站	南京大学	薛娜,严佳乐	金莹,张洁

续表

奖项	作品编号	大类（组）	作品名称	参赛学校	作者	指导教师
1	BLNA1201705	软件开发	6.2 基于空间数据库车的土地证书打印系统的设计与开发	沈阳建筑大学	周杰,付亚洁	毕天平
1	BLNA6100212	软件与服务外包	津桥商学院信息化平台	东北财经大学津桥商学院	李留灿,李祐哲,陈苏萍,杨静岚,许敏	杨青锦
1	BLNE1402182	软件开发	炼钢——连铸调度计划 3D 虚拟仿真验平台	东北大学	魏征,朱坦,赫天章	刘士新
1	BLNE3102195	媒体设计专业组	湮灭 Destroy	东北大学	谢杰明,陈雪莹,顾海	霍楷
1	BLNE3201958	媒体设计民族文化组	东巴秘密	辽宁工业大学	朱红,王晓昆,仲维跃	杨帆
1	BLNE3202248	媒体设计专业组	城市排水系统优化设计	东北大学	靳雪蔓,徐阿俏,肖宇航	霍楷
1	BLNE3602099	媒体设计专业组	龙印	东北大学	刘创基,宫政,董豪	谢青
1	BLNE3702090	媒体设计专业组	水滴奇遇记	东北大学	陶永振,刘恳楠	高路
1	BLNE5101770	媒体设计民族文化组	民族服饰设计——倾城	辽宁工业大学	联镇,李骏驰,张安琪	洪春英
1	BLNE5302147	媒体设计民族文化组	固原古城建筑交互式导览	东北大学	葛霖,王家梁,谢琼琼	董傲霜,谢青
1	BSCE1201760	软件开发	基于不确定性推理的油层储层保护专家系统	西南石油大学	王天使,刘川中	杨力
1	BSCE3702071	媒体设计专业组	大营盘用水调查——流动的未来	西南石油大学	张敏,陈真梅,孙玉洁	王杨,李民
1	BSDA1300115	软件开发	《数据结构》网络课件	德州学院	黄彪,曹彦璐,颜雪梅	王洪丰,郭长友
1	BSHE1101906	软件开发	健康社区	第二军医大学	王博纬,赵林,高振宇	郑备
1	BSHE1102148	软件开发	一起游	同济大学	孙琦,王洁,周宇胜	邹红艳
1	BSHE2201908	媒体设计普通组	水之韵	第二军医大学	沈耀华,丁永超	孔玉
1	BSHE6102253	软件与服务外包	好记派	华东师范大学	徐津文,邓登伟,李嵛轩	朱晴婷,刘垚
1	BSHE6602341	软件与服务外包	基于物联网的智能家居管理系统	上海大学	石溢洋,肖任,裴栋彬	邹启明

8-4

奖项	作品编号	大类（组）	作 品 名 称	参赛学校	作 者	指 导 教 师
1	BSNE1202137	软件开发	西电导航校园信息查询移动客户端	西安电子科技大学	刘言明、范星光、王润辉	李隐峰
1	BSNE3202301	媒体设计专业组	心海	西北大学	王维、严瑞鸽、卢建铖	温雅
1	BTJA1401657	软件开发	基于 Android 平台的学员驾照笔试模拟考试系统	天津科技大学	张橙坤、王晨昕	杨巨成
1	BYNA2101202	媒体设计普通组	水之道	曲靖师范学院	王忠文、张雪	徐坚、包娜
1	BZJA1301063	软件开发	学习堆栈	杭州师范大学	邵丽雅、王璐	袁贞明、俞凯
1	BZJA3301670	媒体设计专业组	水精灵 AR	浙江传媒学院	陈实、黄静、郑陈平	张帆、况明全
1	BZJA6201086	软件与服务外包	基于二维码的物流服务系统	杭州师范大学	汤益飞、肖婷婷、杨博、金雨雷、虞继峰	陈翔
1	BZJE5102478	媒体设计民族文化组	合家团圆	浙江农林大学	朱婷婷、金洋洋	黄慧君、方普用
1	ZHBD3200848	媒体设计专业组	Ocean story（海的故事）	武昌职业学院	彭浩、王程、毛杰	李强生、王栋旭
1	ZJSE6102442	软件与服务外包	苏州市职业大学图书馆 Android 移动客户端	苏州市职业大学	董洪逾、李宁、薄跃耀	贾震斌
1	ZSDA1100117	软件开发	多彩校园网站	德州学院	郭瑞凯、李永强、王玉锋	王洪丰、郭长友
1	ZXJE6102352	软件与服务外包	新疆农职院校园快捷驿站	新疆农业职业技术学院	江帅、谭进霞、吾木提·艾合买提	李欣、党宏平
2	01427	计算机音乐	雨行者	武汉音乐学院	罗音子	冯坚
2	BAHE1600086	软件开发	实用数值计算和模拟软件	安徽农业大学	张晓东、李明星	张庆国
2	BAHE1101886	软件开发	Web 3D 画廊网站系统	安徽师范大学	王宇辉、文菡、杨辰颢	方群
2	BAHE3102052	媒体设计专业组	中华·水	安徽大学	赵梓华、陈岱、董佳瑜	岳山、王瑜
2	BAHE3702047	媒体设计专业组	徽州水口	安徽大学	胡冰冰、许贺、侯剑	潘杨、张阳
2	BAHE3802048	媒体设计专业组	饮用水的前世今生	安徽大学	乔媛媛、王佳玮、王健	张辉、张阳

奖项	作品编号	大类（组）	作品名称	参赛学校	作者	指导教师
2	BAHE510187S	媒体设计民族文化组	纸艺国韵之衣食住行	安徽师范大学皖江学院	郭鹏薇	张辉、荣姗姗
2	BAHE530205J	媒体设计民族文化组	印象徽州	安徽大学	张俊、杜轩、余少峰	岳山、吕萌
2	BBJA1200174	软件开发	"在线打分"管理系统	北京工商大学	王丹、王星云、朱丽羽	王雯
2	BBJA3201176	媒体设计专业组	动画短片《大禹治水》	北京工业大学	董昱敏、丁慧君、张文丽	张岩、赵玮
2	BBJA4300070	计算机音乐	紫园之梦	中国人民大学	胡文谷	—
2	BBJA5300965	媒体设计民族文化组	探秘圆明园——基于iOS平台的互动型旅游导航应用设计	中国传媒大学	吕强、杨靖炜	郑志亮、吴炜华
2	BBJA6101443	软件与服务外包	花花草草移动应用	北京服装学院	罗晓娜、高婕	王烁
2	BBJC1100581	软件开发	秦瑰阁	北京语言大学	李金峰、聂源林、刘雪寒	李吉梅
2	BBJC1101006	软件开发	北科图书馆Android客户端	北京科技大学	汪睦雄、吴晓慧、陈松路	李莉
2	BBJC1400801	软件开发	逻辑电路模拟平台	北京语言大学	王星友、姜玮洁、瞿琴	陈琳
2	BBJC2100046	媒体设计普通组	水之梦	中国人民大学	朱映秋、左清瞳	—
2	BBJC2100179	媒体设计普通组	画水——流淌的文明	中国政法大学	梁慧沃、张雪雯、范竹青	王立梅、李激
2	BBJC2200898	媒体设计专业组	Who will purify my mind!	中华女子学院	覃韵禅、李欢欢、朱绘燕	宁玲、李岩
2	BBJC2300699	媒体设计普通组	海洋360	中央财经大学	王翔宇、蔡融旭	李雪峰
2	BBJC3101237	媒体设计专业组	水之魂	北京语言大学	姜馨、李维宇、刘冰雁	张习文
2	BBJC3200057	媒体设计专业组	水之越狱	中国人民大学	冯强、李冰、廖雪	甘华
2	BBJC3200646	媒体设计普通组	纯净的水	北京邮电大学世纪学院	何俊森、郭慧慧	陈薇、袁琳
2	BBJC3200913	媒体设计专业组	上善若水	北京科技大学	管笛、刘幸	武航星、于泓
2	BBJC3400598	媒体设计专业组	伸海	北京邮电大学世纪学院	张雪诚、孔令枫	赵海英、陈薇

续表

奖项	作品编号	大类（组）	作品名称	参赛学校	作　者	指导教师
2	BCQA1102093	软件开发	ITBC	重庆大学	关志俊、崔黎千	郭平
2	BCQA1202199	软件开发	基于 Android 的课堂互动软件	重庆大学	肖进、袁子峨、童哲航	杨瑞龙
2	BCQE1101754	软件开发	"易物吧"校园电子商务网站	重庆工商大学	潘飞、敬睿峰、肖春乐	唐灿
2	BCQE1101836	软件开发	三峡魂	重庆三峡学院	邢晴阳、林两旺、袁露	徐兵
2	BCQE1401776	软件开发	基于 ZigBee 的智能寝室监控系统	重庆文理学院	游益锋、赵力仪、李云梅	王月浩
2	BCQE2202163	媒体设计普通组	水之旅	后勤工程学院	董航、刘奕、陶睿	李蓉
2	BFJA1100400	软件开发	华侨大学爱宅网	华侨大学	王心博、陈翼红、朱增林	王成
2	BFJA1200402	软件开发	家具进销存暨出入账管理系统	华侨大学	林振辉、董炳娟	姜林美
2	BFJA3300441	媒体设计专业组	水泣	华侨大学	朱德华、刘昊、黄付先	郑光
2	BFJA3700861	媒体设计专业组	若水	福建农林大学	尤达、黄月凤、郑敏	高博、吴文娟
2	BFJA6501011	软件与服务外包	儿童蜡笔画应用（Crayon）	福建农林大学	林祖生、徐冰	林晓宇
2	BGDA1100765	软件开发	广东自然灾害网站	广东石油化工学院	赖小娘、陈鹏、曾飞云	梁根、苏海英
2	BGDA1300533	软件开发	小白兔和小灰兔	韩山师范学院	甘俏	苏仰娜
2	BGDA2100745	媒体设计普通组	水魂——水文化系列日历设计	广东外语外贸大学	谭颖君、卢慧敏、刘璇	赵承刚、简小庆
2	BGDA2200744	媒体设计普通组	天一生水 水生文明	广东外语外贸大学	李梓晴、石炯杰、谢文凯	陈仕鸿、李穗丰
2	BGDA2201196	媒体设计普通组	生命之源	广东药学院	李岸	刘军、陈皓
2	BGDA2400529	媒体设计普通组	水・潮州工夫茶	韩山师范学院	余国秋	郑联忠、罗新
2	BGDA5301044	媒体设计民族文化组	潮州古宅	韩山师范学院	邱晓滨	朱映辉、江玉珍
2	BGDA6101612	软件与服务外包	系微信公众平台开发	深圳大学	董健华、陈玫蓉	胡世清、叶辉林
2	BGSA2700768	媒体设计专业组	森淼	西北民族大学	雷丹、张炳、杨欢	张辉刚

奖项	作品编号	大类(组)	作品名称	参赛学校	作 者	指导教师
2	BGXA1201535	软件开发	毕业论文选导系统	广西师范学院	祝丽艳,许明涛	元昌安,彭昱忠
2	BGXA1301371	软件开发	《色彩学习与实践》课件	广西师范大学	王鑫,冯小林,黄艺	罗双兰
2	BGXA1601153	软件开发	基于 LBM 的流体模拟	广西师范大学	王杨,陆大坌,焦德伟	张超英
2	BGXA380141414	媒体设计专业组	水之悦主题餐厅设计	广西师范大学	卢俊宏	孙志远,赵阳
2	BGZA3701301	媒体设计专业组	浅蓝色的梦	贵州师范大学	姚希同,廖文祥,张习政	沈磊,李炳乾
2	BHAA1100150	软件开发	大学生计算机水平智能测评系统	河南理工大学	马贺奇,宋相锋,李靖	王建芳
2	BHAA1100323	软件开发	工程制图精品课程	洛阳师范学院	薛珬珬,刘东阁,黄山	智爱娣
2	BHAA5100288	媒体设计民族文化组	云南印象	安阳师范学院	张波,全雅珍,路路亮	段新皇,负祺
2	BHAE1402207	软件开发	音乐喷泉模拟控制系统	中国人民解放军信息工程大学	施乐,文宁,郭晖	张强,孙梦青
2	BHAE5301744	媒体设计民族文化组	南阳汉画馆虚拟现实	南阳师范学院	宋捷,姚耀	贾晓,赵耀
2	BHAE6101730	软件与服务外包	智能家居	中原工学院	刘阳,张腾,崔文娟	余雨泽
2	BHAE6501740	软件与服务外包	基于移动终端的课堂考勤管理系统	河南理工大学	王逢阳,刘昆仑,吴明辉	王建芳
2	BHBA1300500	软件开发	问茶中国	华中科技大学	胡佩延,张福莉,陶镜羽	邓秀军
2	BHBA1600895	软件开发	实时交通导航系统	武汉理工大学	于立,罗鹏,于跃	彭德魏
2	BHBA2400170	媒体设计普通组	国学之水	中南民族大学	彭华兴,商晨茜,王舒誉	魏红刚
2	BHBA3200847	媒体设计民族组	新八仙过海	湖北理工学院	张嘉欣,廖玺宇,许双双	刘满中,徐庆
2	BHBA3400508	媒体设计专业组	水艺——中华民族的用水智慧	华中科技大学	柯善承,沈子薇,俞滢莹	邓秀军
2	BHBA3500513	媒体设计专业组	WATER&LIFE	华中科技大学	邢雪,刘茜,李雅然	侯云鹏,刘青晖
2	BHBA3700438	媒体设计专业组	水·再见	长江大学	蒙伟群,向晓曦,刘胜	李文胜

8-7

奖项	作品编号	大类（组）	作 品 名 称	参赛学校	作 者	指导教师
2	BHBA3700512	媒体设计专业组	汉水渔家	华中科技大学	王高、田小春、吴琼	邓秀军
2	BHBA4201445	计算机音乐	虞美人春来	武汉音乐学院	聂婉迪	李鹏云
2	BHBA5100495	媒体设计民族文化组	服想翩翩	华中科技大学	魏丽莎、周琦、孙榆	王朝霞
2	BHBA5100497	媒体设计民族文化组	中国套娃	华中科技大学	张依婷、许洁、毕阳	龙韧
2	BHBA5300277	媒体设计民族文化组	梦红楼——大观园交互式漫游系统	湖北理工学院	许元凯、周竞亮	刘满中、杨雪梅
2	BHBA5300493	媒体设计民族文化组	《华裳志》——寻找华服的前世今生	华中科技大学	朱琦、陈珣、潘梦琪	邓秀军
2	BHBA6100654	软件与服务外包	汉普攻略	华中师范大学	叶兰兰、康苗苗、何烨	艾欢
2	BHBA6200172	软件与服务外包	工厂智能管理系统	中南民族大学	龚雪、周吉祥、刘博文、王晓华、周春萌	帖军、毛腾跃
2	BHBA6201360	软件与服务外包	数模助理（Math Modeling Assistant）	武汉理工大学	许杨、刘佳伟、刘博文、包友军、周春萌	彭德魏
2	BHBA6600503	软件与服务外包	家庭健康监护中心	华中科技大学	张志伟、甘清甜、郭浩乐	刘群
2	BHBA6701458	软件与服务外包	高校学生工作管理信息平台	湖北理工学院	刘政华、刘作栋、廖万君	张国军
2	BHBD1100862	软件开发	武汉理工大学综合信息服务平台——找找网	武汉理工大学	曹军、王曼琳、吴宗谱	王庆国
2	BHBD1100899	软件开发	武汉理工大学"翻书网"	武汉理工大学	徐施福、洪志坤、杜新锋	王斌
2	BHBD1200889	软件开发	体育视频管理系统	武汉体育学院	王凯希、张梦超、吴茂昌	周建芳
2	BHBD2200269	媒体设计普通组	洗礼	华中师范大学	陈丽、屈小玲、杜美蓉	魏开平
2	BHBD2701594	媒体设计普通组	水之殇	中南财经政法大学	范路强、郑林泽、李浩田	向卓元、阮新新
2	BHBD3100379	媒体设计专业组	逝	湖北美术学院	杨梦君	赵峰、李乐
2	BHBD3200705	媒体设计专业组	超级变变变——水资源再生与再利用视频制作	华中师范大学	郝莹莹、张影之、张孟地	庄黎

奖项	作品编号	大类(组)	作品名称	参赛学校	作 者	指导教师
2	BHBD3200706	媒体设计专业组	水俑人	华中师范大学	马斐斐、王诗开、郑佳敏	李刚
2	BHBD3200786	媒体设计专业组	水泽万物	江汉大学	肖龙、陈波	周晓春、朱涛
2	BHBD3700247	媒体设计专业组	狂想曲	武汉理工大学	刘云鹏、钟煜岚、张阳	钟任、方兴
2	BHBD3700536	媒体设计专业组	迷失在大湖	武汉理工大学	陈瀚文、陈劼珉、刘胤	孙骏、朱明健
2	BHBD3800941	媒体设计专业组	江城	华中师范大学	金晶、李诗、黄腾	范炀
2	BHBD5300578	媒体设计民族文化组	十二都	武汉理工大学	敖昌绪、纪好	李宁、罗颖
2	BHEA1100100	软件开发	求索传媒网	河北经贸大学	李阳、魏天柱、韩璐	薛世建
2	BHEA2201381	媒体设计普通组	新小猫钓鱼	中央司法警官学院	史豪、李棋、孙鹏	寿莉、高冠东
2	BHEA5301280	媒体设计民族文化组	神箫玉笛	中央司法警官学院	胡玉明、罗荔丹、张魏	高冠东、寿莉
2	BHEA6100979	软件与服务外包	农博土助农软件	河北金融学院	张利军、张红岩、武静	王洪涛、苗志刚
2	BHEE3102119	媒体设计专业组	水滴	河北大学	张燕、高晓雪、韩月琳	肖胜刚、王卫军
2	BHIA2701686	媒体设计普通组	石头上的灵魂	海南师范大学	曾熹、王玉洁、姚依曼	陈才华
2	BHIE1101757	软件开发	美居家纺导购网	海南大学	刘辰魏、张季博宁、黄朗辉	李怀成
2	BHNA120528	软件开发	基于大数据的新闻舆情平台	湖南农业大学东方科技学院	罗诗诗、陶晓东、吉星	肖毅、聂笑一
2	BHND1100742	软件开发	印象·江南建筑	湖南工程学院	王璐璐、于海洋、陈宇	张淞、田蓉辉
2	BHND2301308	媒体设计普通组	水滴保卫战	怀化学院	李佳依、罗泓洪、向韶超	姚敦红
2	BHND3200949	媒体设计专业组	尽头	湖南大学	胡婷婷、林美琪、黄雪梅	江海、李小英
2	BJLE1101854	软件开发	交通安全知识测试网	长春工业大学	吴文祥、张志博、常紫鹃	吴德胜
2	BJSA1100047	软件开发	Our Way	东南大学	薛琰	陈伟、丁彧

奖项	作品编号	大类（组）	作品名称	参赛学校	作者	指导教师
2	BJSA1600969	软件开发	基于IF-97系列公式的IOS平台的水和水蒸气性质计算软件	东南大学	李昂、王鑫龙、刘崇尧	华永明、陈伟
2	BJSE2402473	媒体设计普通组	江南水文化	南京大学	韩佰怡、郝韵	张洁、金莹
2	BJXA1100082	软件开发	《摄影基础》网络教学平台	赣南师范学院	宋强平、乐珊珊、徐情	戴云武
2	BJXA1100570	软件开发	基于多元智能的儿童游戏乐园（计算机版＋手机版）	赣南师范学院	安为之	温小勇
2	BJXA1400787	软件开发	基于SIFT算法的图片特征提取与匹配	江西师范大学	王驰、向淑英、万璟	刘清华、王渊
2	BJXA3201124	媒体设计专业组	水魔方广场设计	南昌工程学院	李云方、高康	王芸、钟丽颖
2	BJXA6100204	软件与服务外包	基于移动终端的人脸身份识别	江西师范大学	刘三华、刘志华、夏汝惟、马步宏、夏菁	刘清华、郭斌
2	BJXA6200446	软件与服务外包	江西省器官捐献与分配平台	江西师范大学	麦永麟、林敏、潘子昕	刘清华、黄龙军
2	BLNA1100418	软件开发	E饭飘香校园快速订餐系统	沈阳大学科技工程学院	祝贺迪、习雅珺	李连德
2	BLNA1101548	软件开发	校园物语——二手物品信息发布平台	辽宁对外经贸学院	徐昆龙、张鹏、杨荟锦	马明、吕洪林
2	BLNA1201676	软件开发	基于.NET技术的基础课考试平台	辽宁工业大学	蒋亚飞、郭继朋、宋嘉仪	李昕、褚治广
2	BLNA2401584	媒体设计普通组	水韵茗香	辽宁对外经贸学院	邵若阳、傅戈	吉星烁、马恺
2	BLNA4100242	计算机音乐	BlueDream	沈阳师范大学	姜雷、王永、陈麒安	寇海莲、万正刚
2	BLNA6100343	软件与服务外包	东北大学综合信息查询系统	东北大学	姚人杰、孙丽华、董雪	邓卓夫
2	BLNA6500626	软件与服务外包	融化孤独——自闭症儿童康复辅助软件	东北大学	王沁涵、孙高飞、罗浩、李璐、牟笑莹	姜琳颖
2	BLNA6700104	软件与服务外包	室内空气质量监测系统	沈阳工业大学	韩洋洋、李俊祺、宫健	邵虹、崔文成
2	BLNE1101747	软件开发	联通积分兑换网上商城	辽东学院	钟海、陈东港、孔德辉	王震
2	BLNE1101834	软件开发	校园交互式网站以及教学资源平台	大连医科大学中山学院	吴海兵、李宇、兰康	刘顺、任芳

奖项	作品编号	大类（组）	作品名称	参赛学校	作 者	指导教师
2	BLNE1201724	软件开发	VFP测评管理系统	辽宁警官高等专科学校	王贺龙、卜祥萌、程琳	曾刚、常艳
2	BLNE1301741	软件开发	图形的拼组	沈阳师范大学	王桓、关雅洁、张嚣	白喆、国玉霞
2	BLNE2101814	媒体设计普通组	水之舞者——绿色灵动系列	大连理工大学	周琪、毛璐	姚翠莉、金博
2	BLNE2101939	媒体设计专业组	水资源缺乏	沈阳师范大学	王瑞楠、崔云剑	郝强、丁茜
2	BLNE2201769	媒体设计普通组	猫的抉择	沈阳建筑大学	胥凤、赵馨怡、郑昊鸿	任义、张辉
2	BLNE2402239	媒体设计普通组	科学饮水 健康生活	东北大学	徐昕、吴彬彬、蔡东衡	黄卫组
2	BLNE2701796	媒体设计普通组	水——无私的情义	沈阳化工大学	张一帆、刘海涛、韩金仓	何毅、张颜
2	BLNE2702024	媒体设计普通组	一滴水，一生情	辽宁科技学院	刘博、刘东辉、张立超	王海波、费如纯
2	BLNE2801851	媒体设计普通组	新型居民楼智能节水系统设计	大连大学	刘晓哲、隋玉鑫、陈富权	贾卫平
2	BLNE3101728	媒体设计专业组	Shui 子花开	大连民族学院	王悦	纪力文、杨玥
2	BLNE3101735	媒体设计专业组	水能载舟亦能覆舟	辽宁工业大学	刘晓、孙悦、尹庆慧	刘贵
2	BLNE3101751	媒体设计专业组	为有源头水活水来	辽宁工业大学	姜英哲、郭雪	杨晨
2	BLNE3101892	媒体设计专业组	水之痕	大连民族学院	王鸿宇、宋天伦、张晴	张伟华、贾玉凤
2	BLNE3102189	媒体设计专业组	水之殇系列——竭泽而渔·命悬一线·水之哀鸣	东北大学	徐阿俏、靳雪蔓、张韬	霍楷
2	BLNE3201727	媒体设计专业组	Dr. 沃特的一天	大连民族学院	李晓晨、孙皓月	杨玥、纪力文
2	BLNE3201768	媒体设计专业组	"饮鸩"思源	辽宁工业大学	赵亭、李冰燕、赵菩雷	尉迟姝毅
2	BLNE3201916	媒体设计民族文化组	傣舞	辽宁工业大学	唐常、段兵、郭振东	杨帆
2	BLNE3202109	媒体设计专业组	水循环节水建筑模型	东北大学	何嘉昊	霍楷
2	BLNE3401917	媒体设计民族文化组	族·裳	辽宁工业大学	刘兴禹、吴煜鹏、唐常	杨帆

中国大学生计算机设计大赛 2014 年参赛指南

8-12

奖项	作品编号	大类（组）	作 品 名 称	参 赛 学 校	作 者	指 导 教 师
2	BLNE3402103	媒体设计专业组	半杯水	东北大学	李泽龙、郭子溢、戚纯	谢青
2	BLNE3402153	媒体设计专业组	the world of the water	东北大学	孙睿、赵菲菲、闫翠环	喻春阳、张一川
2	BLNE5101822	媒体设计民族文化组	传承——汉服设计	大连理工大学	褚鑫、王鹏	金鑫、姚翠莉
2	BLNE5102155	媒体设计民族文化组	神秘嘉年华	辽宁工业大学	郭洋、邢雅军、崔渝婧	王小丽
2	BLNE5102249	媒体设计民族文化组	清之故宫	东北大学	席雨彤、李昱坤、梁子佩	霍楷
2	BLNE5102250	媒体设计民族文化组	大乘佛教净土宗寺庙建筑复原	东北大学	张佳奇、明皓、靳雪曼	霍楷
2	BLNE5201736	媒体设计民族文化组	圆明园	渤海大学	刘杨、孟丽丽、姚新强	姜参、杨皎平
2	BLNE5301802	媒体设计民族文化组	UnderWater	沈阳建筑大学	孙思勉、王子佼、林洪宇	张辉、任义
2	BSCA2500200	媒体设计专业组	如果.水	成都理工大学	杨凯文、余昌勇	王淼、吴冀
2	BSCA3201573	媒体设计专业组	水	成都信息工程学院	张阳	刘谢川、李庆
2	BSCE1102363	软件开发	挑战杯 PHP 网站设计样式及 ASP. NET 申报系统	西华师范大学	郭梦浩、温东山	蒲斌、谢应涛
2	BSCE1402181	软件开发	规划模拟评估地理信息系统	西南石油大学	毛自豪、雷佳琪、杨烽	王成武
2	BSCE1402387	软件开发	仓库监测系统	西华师范大学	石超、吉爽	郭元辉、谢应涛
2	BSCE3701766	媒体设计专业组	水与猫	四川师范大学	陈子佳、刘芳、曹晓玲	何健、王学宁
2	BSCE5102391	媒体设计民族文化组	中国文化系列画册	西华师范大学	冯欢	刘睿、黄冠
2	BSDA1200109	软件开发	校园网应用管理平台	德州学院	仲兴旺、郭新明、姜海洋	王海涛、宁亚非
2	BSDA2700140	媒体设计普通组	拯救	德州学院	郑薛良、刘嫒、郑帅	任立春、翟兴娥
2	BSDA3700128	媒体设计专业组	公益广告	德州学院	陈雪薇、郝允溪、姚王涛	孙乃龙、游雨欣
2	BSDA4200154	计算机音乐	英雄 1911	德州学院	王正阳、董孟	马锡馨、李庚明

奖项	作品编号	大类(组)	作品名称	参赛学校	作 者	指导教师
2	BSDA4300152	计算机音乐	活该	德州学院	董孟、舒环、王正阳	马锡嵩、宋广元
2	BSHA1100696	软件开发	"微贷"中小企业融资平台	上海财经大学	朱宁、鲍晓雯、陆思颖	韩冬梅
2	BSHA1100776	软件开发	青城——全国高校区域化教材交易平台	上海财经大学	李海程、崔瑜洁、梁林梅	张勇
2	BSHA1101144	软件开发	基于云平台的大学生本科创信息平台	东华大学	王飞、陈剑、唐桢柯	
2	BSHA1300760	软件开发	化学学习辅助软件	华东理工大学	王建伟、邵正将、王艳红	王占全
2	BSHA1301117	软件开发	昆曲六百年体感交互课件	东华大学	张永林、朱仕杰	张红军
2	BSHA2200326	媒体设计普通组	水知道答案	华东师范大学	朱晨、张晓枫、潘鹏云	刘垚、陈志云
2	BSHA2201156	媒体设计普通组	小猫找鱼	东华大学	朱宇雯、尤思远	—
2	BSHA4101094	计算机音乐	影子	上海师范大学	王诗杰	徐志博
2	BSHA4101095	计算机音乐	Magicpoker	上海师范大学	赵沁晹	申林
2	BSHA4201103	计算机音乐	Max power	上海师范大学	周智文	申林
2	BSHA4201287	计算机音乐	THE ORIGIN OF LIFE	上海师范大学	孙羽晞	申林
2	BSHA5300693	媒体设计民族文化组	盘情扣心	上海海关学院	林冀、徐依静、张梦颖	曹晓洁、阮沁册
2	BSHA6300794	软件与服务外包	自然用户界面(NUI)在教学活动中的应用	华东理工大学	沈加琦、王闻达、翁国杨	李擎
2	BSHE1102128	软件开发	梦洋彼岸留学资讯与评估网站	同济大学	陈志鹏、刘博闻、魏兴帅	邹红艳
2	BSHE1102369	软件开发	基于HRCMS的校、院学生会网站群的构建	上海大学	李睿智、黄征、娄青冰	高珏、刘杜鹃
2	BSHE1202241	软件开发	Y-Tech餐饮门店管理系统	同济大学	叶中楠、叶青参	袁科萍
2	BSHE1302487	软件开发	感测技术案例演示	上海商学院	王维婷、周莹、吴清华	刘富强
2	BSHE2201904	媒体设计普通组	水之旅途	第二军医大学	范文质	孔玉

8-13

奖项	作品编号	大类（组）	作品名称	参赛学校	作 者	指导教师
2	BSHE2202200	媒体设计普通组	拯救绿洲 oasis	同济大学	夏之光、吴佳旻、熊曦	王颖
2	BSHE2202497	媒体设计普通组	水知道	上海商学院	王如蓁、朱翠、张康	费勇
2	BSHE5201909	媒体设计民族文化组	中国传统家具	同济大学	刘天阳、姬远嵋	肖杨
2	BSHE6402350	软件与服务外包	基于 IP Camera 的智能视频监控系统	上海大学	金林波、郭水林、高翠苦	邹启明
2	BSNE1102178	软件开发	基于云计算的视频日志软件系统	西安电子科技大学	温正阳、史马超、吴德飞	苗启广
2	BSNE1202142	软件开发	基于 RSA 的 Android 短信加密系统	西安电子科技大学	胡璇、李雨晴、黄超	胡建伟、崔艳鹏
2	BSNE2102151	媒体设计普通组	水逝·选择未来	西安电子科技大学	范倩莹、张雪琦	李隐峰
2	BSNE2102162	媒体设计普通组	生命之水	西安电子科技大学	张晨	—
2	BSNE3701941	媒体设计专业组	校园微电影《电解水》	安康学院	孙鹏飞	张超
2	BSNE6302062	软件与服务外包	停车场信息管理系统	西安电子科技大学	林伟东、马超群、何米娜	
2	BSXA3500314	媒体设计专业组	湖行迹	山西财经大学	季苗、王秋玲、黎文斌	王昌、肖宁
2	BTJE1101993	软件开发	绘世界	天津师范大学	张洪川	程勇
2	BTJE1201817	软件开发	Goo 记	天津商业大学	杨茵、付银肇、郭蕊	杨亮
2	BTJE1401800	软件开发	行星采掘者	南开大学	林河	王恺
2	BTJE2302276	媒体设计专业组	诸子百家棋牌争战	天津大学	何吾元、王诗瑶、任娜	戴维迪
2	BXJA1202346	软件开发	维吾尔语手语词典	新疆大学	厄尼·艾尔肯、奥布力阿西木·艾散、伊斯马伊里·伊民尼亚孜	阿里甫·库尔班
2	BXJE1102372	软件开发	兵团石油物流配送系统	新疆大学	杨博、董洪伟、张瑞	卞琛

奖项	作品编号	大类(组)	作品名称	参赛学校	作 者	指导教师
2	BXJE1102393	软件开发	在线整站翻译(汉文网站翻译成维译吾尔文网站)	新疆大学	吾提库尔·艾尔肯,热纳提·肖克来提,阿不都赛买·阿不都欧甫	于炯
2	BXJE1102431	软件开发	塔里木盆地野生植物种质资源共享信息库设计	塔里木大学	聂海全,代江艳,王静春	吴刚
2	BXJE1402339	软件开发	74LS138三线一八线译码器虚拟实验平台	喀什师范学院	艾沙江·买买提,阿依图尔逊·艾海提	阿力甫·阿木提
2	BXJE3702439	媒体设计专业组	生活的味道	塔里木大学	高冬娟,冶森华,慈维涛	王中伟
2	BXJE4202392	计算机音乐	阿拉仕	新疆艺术学院	买热班·塞提拜	黎海涛,克力木江·亚森
2	BXJE5202386	媒体设计民族文化组	看你跑得了	新疆艺术学院	周亚宁,高月,王付玉	朱燃,杨梅
2	BXJE5302381	媒体设计民族文化组	印象喀什	喀什师范学院	王洋洋,罗瑞,高梦瑶	何小玲,杨江平
2	BYNA2101289	媒体设计普通组	水的艺术	曲靖师范学院	余丹,文紫豪	徐坚,包娜
2	BYNA3101198	媒体设计专业组	傣族剪纸	曲靖师范学院	任燕	孔德剑,包娜
2	BYNA3101227	媒体设计专业组	每个人的水军团	曲靖师范学院	付江涛,杜成溪	孔德剑,包娜
2	BYNE2602194	媒体设计普通组	水下救生器	昆明理工大学	杨康鑫,代彭亮,都刚	刘泓滨,田春璠
2	BYNE2702289	媒体设计普通组	好雨时节	云南财经大学	郑昫晨,杨睿,单钰	郭利,宁东玲
2	BYNE3702018	媒体设计专业组	源	云南师范大学	余诗佳,和谐,刘一丁	游昊龙,王玄伟
2	BYNE5202013	媒体设计民族文化组	唐卡	云南师范大学	冯新杰,李钰萱,李玉珠	向杰
2	BYNE5202030	媒体设计民族文化组	建水陶情	昆明理工大学	沈扬,王阳,李婉倩	李虹江,陈烨伟
2	BYNE5301977	媒体设计民族文化组	最后的部落	昆明理工大学	田彤,杨琪,文志刚	杨兆麟,张误元
2	BYNE5302169	媒体设计民族文化组	360度民俗文化全景展览	云南财经大学	鲜泽策,姚国平,王波淇	石晓晶,王良

8-15

奖项	作品编号	大类（组）	作品名称	参赛学校	作　者	指导教师
2	BYNE6101860	软件与服务外包	WiFi 环境下的跨平台移动教学辅助工具的研究与实现	云南民族大学	杨能、荀志辉	江涛、王新
2	BYNE6301901	软件与服务外包	基于 Web 的 UML 可视化建模平台 smcUML 的研究和实现	云南民族大学	陶镜、胡贵彬	江涛
2	BZJA1101648	软件开发	果树网——基于 ASP.NET 的大学生学习成果分享型网站	浙江传媒学院	韦凯德、潘宁宁、符洁杏	俞定国
2	BZJA2101053	媒体设计普通组	水·无价	杭州师范大学	苏冠男、赵晨琳	诸彬
2	BZJA2401043	媒体设计普通组	说茶论水话健康	杭州师范大学	凌梦佳、包丽娟	晏明
2	BZJA2401070	媒体设计普通组	水墨情	杭州师范大学	徐学剑、孙继萍	晏明
2	BZJA2501662	媒体设计专业组	Florist Woo！	浙江传媒学院	洪颖婷、徐行信、孙浩	林生佑、张元
2	BZJA2601666	媒体设计专业组	交互式立体喷泉	浙江传媒学院	陈佳恒、黄悦	钟鸣
2	BZJA2701050	媒体设计普通组	交易	杭州师范大学	黄嫦、孟丹丽、钟纯	诸彬
2	BZJA3101090	媒体设计专业组	《水祸中国》——美丽山村毁灭记	杭州师范大学	徐含景、邹悠扬、熊杨亦	林国胜、李佳瑶
2	BZJA3101091	媒体设计专业组	乐活水一族	杭州师范大学	孙晶、陈方杏子、余嘉桦	朱珺
2	BZJA3401058	媒体设计专业组	源	杭州师范大学	吴丽萍、张旭、闫梦月	诸彬、张晓飞
2	BZJA3501693	媒体设计专业组	小水滴的丛林冒险	浙江传媒学院	张朝翔、张博尧、罗欣	钱归平、徐芝尚
2	BZJA3700514	媒体设计专业组	与水为邻	浙江树人学院	刁卓璐、杨轩、童巧蓉	范雄
2	BZJA3701667	媒体设计专业组	茶韵·龙井	浙江传媒学院	何远杰、刘明辉、马树豪	曾彩茹
2	BZJA4101673	计算机音乐	转雪	浙江传媒学院	赵鑫诚	黄川
2	BZJA5100612	媒体设计民族文化组	中华民族旅行纪念章	宁波大学科学技术学院	王淑瑶、张潇子、王琪	陈玲
2	BZJA5101088	媒体设计民族文化组	山水民居	杭州师范大学	徐含景、邹悠扬	林国胜

奖项	作品编号	大类（组）	作品名称	参赛学校	作 者	指导教师
2	BZJA5101171	媒体设计民族文化组	千年印一回	杭州师范大学	林晨希、刘东明	陆洲
2	BZJA5301069	媒体设计民族文化组	京剧脸谱	杭州师范大学	苏雅、凌梦佳、陈丹珍	晏明
2	BZJA6101079	软件与服务外包	HelpMe 可视化帮助服务平台	杭州师范大学	吴连杰、王汉卿、陈永森、徐瑶遥、姜季廷	张量
2	BZJA6401074	软件与服务外包	居家老服务平台	杭州师范大学	唐祥、董科明、丁旗、韩笑、冯小青	晏明
2	BZJE3102492	媒体设计专业组	机械时代	浙江农林大学天目学院	陈陈、陈玲	宋明冬、方善用
2	BZJE3102518	媒体设计专业组	水·人·文	浙江农林大学	姜海民、倪书筠	黄慧君、方善用
2	BZJE3702501	媒体设计专业组	生·当如水	九江学院	李伟、缪斌、梁华	张亚珍、段明明芳
2	BZJE5102446	媒体设计民族文化组	颂·音服	浙江农林大学天目学院	卢小洁、柏楠	黄慧君、方善用
2	BZJE5102482	媒体设计民族文化组	玩转中国	浙江农林大学	沈威、素玲玲	黄慧君、方善用
2	ZAHE1201695	软件开发	校医院信息管理系统	安徽电子信息职业技术学院	高敬、冯靖	陈键、尹汪宏
2	ZAHE2201756	媒体设计专业组	偷水	安徽电子信息职业技术学院	左念、王飘、李燕玲	丁静怡、刘文举
2	ZAHE3202040	媒体设计民族文化组	中国风	宿州职业技术学院	王辉、范杰、王凯	马璐魏三强
2	ZAHE5102390	媒体设计民族文化组	华夏剪影	马鞍山师范高等专科学校	葛赛男、李娜、杨倩倩	马宗禹、高婷
2	ZGDA1100539	软件开发	展易网	广东农工商职业技术学院	许博奘、连典共、黄亮	张鹏飞
2	ZGDA6100065	软件与服务外包	我的屏保	深圳职业技术学院	许嘉轩	范新如
2	ZGDA6101087	软件与服务外包	微信校园服务平台	深圳职业技术学院	喻斌、廖倍锋、吴彬	梁雪平
2	ZGSA2101403	媒体设计专业组	我们的选择	酒泉职业技术学院	赵莉	冯黎成、赵大勇
2	ZGSA2700099	媒体设计民族文化组	鲁土司衙门	兰州职业技术学院	杨志喜、张闻涛	秦莞、周宁

续表

奖项	作品编号	大类（组）	作品名称	参赛学校	作 者	指导教师
2	ZHAE1102126	软件开发	茶苑网站	新乡学院	张亚南	朱楠,胡鹏飞
2	ZHAE1102233	软件开发	戏粉网站	新乡学院	李静瑜,田梦柯	胡鹏飞,朱楠
2	ZHAE2201919	媒体设计专业组	奉献	济源职业技术学院	董浩,王伟风,李腾飞	郭飞燕
2	ZHAE3102213	媒体设计专业组	悦动	中州大学	张继振,范家兵	陈小冬
2	ZHBA6600669	软件与服务外包	智能循迹小车	武汉商学院	赵宇,袁棍,严红时	亓相涛
2	ZHEE1101986	软件开发	河北金融学院新生入学教育专题网	河北金融学院	刘华,张俊肖,王肖肖	刘冲,戎洁
2	ZHLA2201250	媒体设计普通组	水的启示	哈尔滨金融学院	赵婉婷	王树鹏,王晓
2	ZHND2400363	媒体设计普通组	水墨	湖南女子学院	赵紫霖	蒋科辉
2	ZSCA6401575	软件与服务外包	服务器文件保护系统	宜宾职业技术学院	陆海波,马元海,王红梅	李朝荣
2	ZSCE1301764	软件开发	PC拆装技术规范	四川信息职业技术学院	阳鹏	曾兆敏
2	ZSCE3101681	媒体设计专业组	团结和谐	成都农业科技职业学院	吴玉萍,林旭婷	张鹏
2	ZSCE3102238	媒体设计专业组	似水年华	宜宾学院	罗志豪	蒲羚
2	ZSCE5202266	媒体设计民族文化组	国粹·脸谱	四川职业技术学院	刘慧,杨秀春,陈佳欢	周蓉,朱红燕
2	ZSDA1100118	软件开发	大学生科技创新协会网站	德州学院	丁浩,刘亚群,井方开	王洪丰,霍洪典
2	ZXJE4202366	计算机音乐	今夜无眠	新疆应用职业技术学院	孙铭俪	王铁兵
2	ZXJE5202382	媒体设计民族文化组	阿拉哈克乡塔儿郎新村规划	新疆工程学院	尹娟,徐艳萍,同晓楠	梁传君,胡海鹰
2	ZYNE3402089	媒体设计专业组	羌普	云南交通职业技术学院	李宫文,朱军	赵一瑾,王鹏飞
2	ZYNE5102091	媒体设计民族文化组	纳西民族服饰——披星戴月	丽江师范高等专科学校	和秀菊	李学花
2	ZYNE6502326	软件与服务外包	八年级语文上册书后十首古诗（人教版）	玉溪农业职业技术学院	杨文权	张开源
2	ZZJE2102475	媒体设计普通组	生命之源	枣庄科技职业学院	马艳鹏	雷利香

续表

奖项	作品编号	大类（组）	作品名称	参赛学校	作者	指导教师
2	ZZJE3202452	媒体设计专业组	水的旅途	浙江金融职业学院	许佳敏、朱静静、李文芳	朱建新、路淑芳
3	BAHA1201761	软件开发	试卷辅助制作系统	淮南师范学院	张星、张勇、丁小江	陈磊
3	BAHA1301750	软件开发	分形几何教学软件	安徽农业大学	李明星、张晓东	徐丽
3	BAHA1302225	软件开发	水循环课件	淮南师范学院	廖培培、王帅	刘海芹、吴满意
3	BAHA4101366	计算机音乐	招魂铃	淮南师范学院	李晓露	冉才
3	BAHA6600605	软件与服务外包	基于无线局域网的家电智能控制	安徽师范大学	邢长旭、谢阳、刘超、马振峰	陈付龙、罗永龙
3	BAHE1101722	软件开发	黄山学院精品视频公开课平台	黄山学院	万邦波、唐樂樂、刁雨健	沈来信、杨凯帆
3	BAHE1101788	软件开发	"青"舞飞扬——四季之恋	安徽农业大学	李廷、吴庆福	孟浩、许正荣
3	BAHE1101889	软件开发	3220轻轻松一刻小说网	蚌埠学院	张云云	王炜
3	BAHE1101954	软件开发	化学资源网站	安徽师范大学	徐明芬、杨澜、冯笑炆	袁晓斌
3	BAHE1102306	软件开发	新安江科普网	黄山学院	陈欢、唐樂樂、陈诗寒	沈来信、杨凯帆
3	BAHE2202061	媒体设计专业组	泪之寻	安徽师范大学	周孟、林柄	许建东、吴文涛
3	BAHE2301913	媒体设计普通组	为纯净水而战	安徽师范大学皖江学院	张俊	张辉、荣姗姗
3	BAHE2701932	媒体设计普通组	水之缘	合肥工业大学	宋鹤、李培殿、于三川	张艳、于星宇
3	BAHE2702107	媒体设计普通组	借	合肥工业大学	毕慧子、于洪宇	余倩、于星宇
3	BAHE2702121	媒体设计专业组	一滴水，一份责任	安徽农业大学	方圆、戴杰清	陈卫、许正荣
3	BAHE3201967	媒体设计专业组	生命之源	安徽师范大学	马草原	许建东、孙亮
3	BAHE3201975	媒体设计民族文化组	古韵宏村	安徽师范大学	舒鹏、李亚红、陈钦艺	孙亮
3	BAHE3202051	媒体设计专业组	舍弃与追求	安徽大学	顾毓嵘、苏瑞、陈旭	陈成亮

中国大学生计算机设计大赛 2014 年参赛指南

8-20

奖项	作品编号	大类(组)	作品名称	参赛学校	作 者	指导教师
3	BAHE372046	媒体设计专业组	爱"她"就请关注"她"	安徽大学	王萧萧、于珂悦、高超	张阳、刘春凤
3	BAHE5101873	媒体设计民族文化组	古琴文化	安徽师范大学皖江学院	曹晓靓	张晖、荣姗姗
3	BAHE5102054	媒体设计民族文化组	我,在这里	安徽大学	杜轩、刘行、薛宇	岳山、张阳
3	BBJA1100477	软件开发	Health Manager	北京信息科技大学	张嫒嫒、郝瑞霞、恩擎	王小波、赵庆聪
3	BBJA1300907	软件开发	动画设计教学课件	北京工业大学	戚乐、戚雅旋、池蒙	吴伟和
3	BBJA1301303	软件开发	离散数学算法演示程序	北京工商大学	张芳、杨伊、张婉	谭励
3	BBJA3201601	媒体设计专业组	Travel	北京工业大学	李文静、李超建	吴限
3	BBJA3400479	媒体设计专业组	可怜的小水滴	北京工业大学	史士彦、魏彤朌、刘梦祎	张岩
3	BBJA4100556	计算机音乐	HelloWorld～BetaRemix	北京大学	滕跃	雍文昌
3	BBJA5100331	媒体设计民族文化组	华风幻想	国际关系学院	杨哲锐、石静璇	张逸溦
3	BBJA6100878	软件与服务外包	"北京胡同游"安卓应用	北京语言大学	杨硕、张燕、王玻茹	胡亮
3	BBJA6101257	软件与服务外包	中医问诊	北京建筑大学	蒋建广、安典典、马倩	马晓轩
3	BBJA6201596	软件与服务外包	一卡通会议处理系统	中华女子学院	杜冰洋、邓嫒嫒、赵丹阳	刘开南
3	BBJC1100016	软件开发	视频照片共享网站的实现和应用	中国人民大学	李雪源、朱厚真、梁雨诗	崔鹏
3	BBJC1100546	软件开发	燕园——你不曾来,我怎敢老	北京大学	曾彦琪、赵友伦、孙小淇	钱丽艳
3	BBJC1100689	软件开发	Wiki-北科百校园百科系统	北京科技大学	宋文彬、李斗汉、贾志卿	张敏
3	BBJC1100908	软件开发	地球少女的日记	中华女子学院	徐菁、刘梦商、郑闲芷	李岩
3	BBJC1101029	软件开发	大北京的血脉	北京体育大学	王泓懿、黄钰杰、羊杨	王莉
3	BBJC1200079	软件开发	基于 JAVA 与 R 语言的数据库中英文文本挖掘对比应用	中国人民大学	郑晔、王雪琪	—

奖项	作品编号	大类（组）	作 品 名 称	参赛学校	作 者	指导教师
3	BBJC1300617	软件开发	数字图像技术基础交互课件	北京服装学院	李思琦	王春蓬,唐芃
3	BBJC1301028	软件开发	三维体育动作演示软件	北京体育大学	陈志伟,杨璐菲,李昕竹	曹润
3	BBJC1301382	软件开发	Unit5 The Broken Computer	首都师范大学	郭非凡,孙皓坤	李云文
3	BBJC2100547	媒体设计民族文化组	文明的进程	北京大学	肖阳,黄日诚,代翰锋	陈江
3	BBJC2200911	媒体设计普通组	Water Saving	中华女子学院	陈俊汝,李心逸,李璐	刘冬懿,李岩
3	BBJC2400997	媒体设计普通组	在水一方	中华女子学院	徐虽,喻佳,张铮	乔希,李岩
3	BBJC2401031	媒体设计普通组	水之印象	北京体育大学	赵功赫,聂一林,肖鑫	刘玟璋
3	BBJC2500701	媒体设计普通组	安卓电子宠物——水瓶仔	中央财经大学	姚露芸,韩宏宇	朱雷
3	BBJC3100642	媒体设计专业组	《水上运动》插画系列	北京服装学院	崔萌萌	唐芃
3	BBJC3201400	媒体设计专业组	海的呼唤	北京服装学院	谭映霖,于戈,黄诗谣	王春蓬,唐芃
3	BBJC3300924	媒体设计专业组	护送水宝宝	北京语言大学	何佳颖,胡艺玲,杜雅洁	张习文,武渊
3	BBJC3700633	媒体设计专业组	探流水定河	北京邮电大学世纪学院	范稻馨,彭诚,廖瑾	侯明
3	BBJC5100548	媒体设计民族文化组	图腾系列设计	北京大学	李尽沙,智思奇,张哲源	盖孟
3	BBJC5100553	媒体设计民族文化组	水墨燕园	北京大学	仲紫然,杨启超,刘云博	盖孟
3	BBJC5201407	媒体设计民族文化组	祭红	北京语言大学	高杨,胡威伟	张习文
3	BBJC5301598	媒体设计民族文化组	贵苗印象	中央民族大学	师文	李潜,孙娜
3	BCQA1101933	软件开发	泡泡选歌系统	重庆大学	田盼,姚丽,孙燕明	桑军
3	BCQA1102183	软件开发	靓颖随行	重庆大学	柯美钗,李小璇,王燈鹏	熊敏
3	BCQA1401885	软件开发	岁月留声	重庆大学	陈强普,朱发昌,周举亮	熊敏
3	BCQA1401891	软件开发	基于DIBR的2D转3D系统	重庆大学	陈俊霖,黄冬,魏祥瑞	刘然

奖项	作品编号	大类（组）	作品名称	参赛学校	作者	指导教师
3	BCQA2401995	媒体设计普通组	水——中华之脉	重庆大学	殷松松、吴东元	曾一
3	BCQA3701702	媒体设计专业组	二十一号	长江师范学院	尹向萍、贺兼力	贾森、汪志平
3	BCQE2601930	媒体设计普通组	最后一滴水	后勤工程学院	牟伦轩、方逸龙、张涛	王兴平
3	BCQE2702085	媒体设计普通组	赖以生存的水	后勤工程学院	崔杰、陈浪、陈思	陈百一、张建军
3	BCQE3201847	媒体设计普通组	生命之源	重庆师范大学	王欣、付汝娟、汤茂蓉	戴政国、马燕
3	BCQE3201864	媒体设计普通组	在水一方	重庆师范大学	秦倩、王凤、刘清清	兰晓红、马燕
3	BCQE3402296	媒体设计专业组	水	重庆文理学院	魏永强、喻昌龙、李崇岭	万忠杰、刘晓晔
3	BFJA1100398	软件开发	基于语音及部分关键字搜索的音乐共享系统	华侨大学	陈剑、范亮文、李曦	田晖
3	BFJA1400394	软件开发	数字图像处理实验平台	华侨大学	胡晓丹、姜金稞	孙增国
3	BFJA3100207	媒体设计专业组	童之梦·水世界	福建农林大学	郑美铃、聂珊珊、丁梦健	吴文娟、王靖
3	BFJA3100406	媒体设计专业组	水蕴人生	华侨大学	丛语薇、谢甜、张俊杰	柳欣
3	BFJA3200403	媒体设计专业组	这个世界你可曾拥有	华侨大学	梁晨曦、郭福眼、凌天宇	陆文干
3	BFJA3300410	媒体设计专业组	Water Lady	华侨大学	卢俊能、赵鼹、王佳丽	郑光
3	BFJA3301206	媒体设计专业组	夺水使命	三明学院	林宏弘、张为城、陈奇岩	伍传敏、张帅
3	BFJA3700921	媒体设计专业组	The Song	福建农林大学	曾垂杰、陈彩琴、邹月明	王海燕
3	BFJA6100409	软件与服务外包	面向智能手机的安全短消息通信及管理系统	华侨大学	赖跃进、丁殿成、雷丽楠	田晖
3	BGDA1100720	软件开发	面向高校的个性化图书推荐系统	广东外语外贸大学	杨博泓、吴荣思、李敏敏	蒋盛益
3	BGDA1101449	软件开发	茶道	韩山师范学院	周杰鑫、林映丹	韦宁彬
3	BGDA1200739	软件开发	通信业客户数据挖掘分析系统	广东外语外贸大学	陈亭、姚娟娜、张茂盛	蒋盛益

奖项	作品编号	大类（组）	作品名称	参赛学校	作者	指导教师
3	BGDA1201072	软件开发	中国古典建筑文化查询系统	华南师范大学增城学院	江晓芝、庄彩云	庄志蕾、李蓉
3	BGDA1300535	软件开发	雨霖铃——柳永	韩山师范学院	蔡璇旋	苏仰娜
3	BGDA2100586	媒体设计普通组	绿·源	中山大学	杨睿、吴琤瑜、赖丽霞	阮文江、毛明志
3	BGDA2200884	媒体设计普通组	爹滴石穿	韶关学院	李盛江、黄蕾桦、黄浩嘉	周红云
3	BGDA2400481	媒体设计普通组	水与道	中山大学	杨基桂、崔云逸、饶琳	罗志宏、杨永红
3	BGDA2400530	媒体设计普通组	水意象	韩山师范学院	黄金雅、吴姗、陈迪辉	郑联忠、谢铮桂
3	BGDA2401131	媒体设计普通组	水漾人生	华南师范大学增城学院	劳慧妍、杨璐琪	李蓉、周维柏
3	BGDA3100748	媒体设计专业组	水是生命	广东外语外贸大学	黄杰辉、邹自强	张新猛、储晓戈
3	BGDA3100860	媒体设计专业组	游行示威	广东外语外贸大学	黄杰辉、邹自强、刘俊宏	黄宏涛、储晓戈
3	BGDA3401457	媒体设计民族文化组	藏屋阁	广州大学华软软件学院	于小焕、黄咏欣、何嘉楠	金晖
3	BGDA4100926	计算机音乐	长亭怨	中山大学	王凤灵	罗志宏、陈晓智
3	BGDA5101071	媒体设计民族文化组	折子戏	韩山师范学院	王健菁	蔡志海
3	BGDA5300420	媒体设计民族文化组	满族剪纸艺术品：神秘的图腾突忽烈	深圳大学	韩宜桐、戴宝莉、周璐	田少煦
3	BGDA5301154	媒体设计民族文化组	《维屋》电子杂志	广州大学华软软件学院	顾紫薇、邓惠群	金晖、李菊
3	BGDA5301160	媒体设计民族文化组	中国剪纸	韩山师范学院	黄欣欣、蓝琳琳	朱映辉、江玉珍
3	BGDA6100741	软件与服务外包	校园通软件	广东外语外贸大学	陈俊亨、刘俊宏、施建滨	李宇耀
3	BGDA6300767	软件与服务外包	系统智能管家	广东石油化工学院	张建楸、李玉成、张秋香、张楚云	梁根、陈一明
3	BGDA6500315	软件与服务外包	基于Android移动终端的互问答平台	惠州学院	王琳、肖恒、孙丹敏	曾少宁、袁秀莲
3	BGDA6500738	软件与服务外包	基于文本情感的个性化音乐推荐系统	广东外语外贸大学	吴烈忠、陈丽云、陈洁婷	李霞

8-24

奖项	作品编号	大类（组）	作品名称	参赛学校	作 者	指导教师
3	BGDA6500773	软件与服务外包	Fantasy 学习交流平台	广东石油化工学院	郑捷、朱晓标、陈蕊华	吴良海、战锐
3	BGDA6700881	软件与服务外包	基于校园网的网盘管理平台	韶关学院	张上钦、黄佳、彭展峰	程细柱
3	BGSA1100919	软件开发	民族特色产品团购网	西北民族大学	李绅、潘卓、向宇静	曹承春、胡圻华
3	BGSA2400814	媒体设计专业组	寻找欧申纳斯	西北民族大学	王殷实、石凯平、扶黄思宇	张辉刚
3	BGSA3100614	媒体设计专业组	水说·世界	西北民族大学	陆惠睿、张新茹、秦晨	陈强
3	BGSA3100758	媒体设计专业组	在水一方	西北民族大学	杭兰、何雪、张佳妮	陈强
3	BGXA1101092	软件开发	实验设备管理系统	广西师范大学	罗丹萍、黄舒恰、曾冕	黄一平、牛苗苗
3	BGXA1101328	软件开发	童年剪影	广西师范大学	刘国华、方丹丹、兰元峰	孙涛、袁鼎荣
3	BGXA2401182	媒体设计普通组	漓江水	广西师范大学	胡艺、张清、范佳	权方英
3	BGXA3101321	媒体设计专业组	命理	广西师范大学	陆娟娟、林艳丽、李春龙	张婷
3	BGXA3201184	媒体设计专业组	鱼的眼泪	广西师范大学	苗志颖、陈奕如	徐晨帆、杨家明
3	BGXA3701186	媒体设计专业组	渴	广西师范大学	陈凯、张冬青、李海俊	林明、朱艺华
3	BGXA4101638	计算机音乐	曙光	广西艺术学院	钟海	华伟
3	BGXA4301641	计算机音乐	纸人	广西艺术学院	吴颢、吴润林	华伟
3	BGXA5101581	媒体设计民族文化组	壮之锅	广西师范学院	宋明晖、谭煜慧	刘晓东、张玉华
3	BGXA5101582	媒体设计民族文化组	巴马韵味	广西师范学院	吴浩宇	刘晓东
3	BGXA5201194	媒体设计民族文化组	影戏滴江	广西师范大学	覃利平	徐晨帆
3	BGXA6101197	软件与服务外包	自闭症儿童人脸情绪识别训练游戏	广西师范大学	李明杰、吴沁然、梁佳明	黄玲
3	BGZA2101410	媒体设计普通组	Water	贵州师范大学	底马可	许宽、南飞
3	BGZA2701323	媒体设计普通组	地球—"地"球	贵州师范大学	蒙仕明、韩金锋、张习政	吕兵、南飞

奖项	作品编号	大类（组）	作品名称	参赛学校	作者	指导教师
3	BGZA3100624	媒体设计专业组	朝冀（中国山水梦）	贵州民族大学	黄莹	郑勇华
3	BGZA3701395	媒体设计专业组	改善城市水生态·建设美丽新贵阳	贵州师范大学	姚希同、廖文祥、张习政	沈磊、李炳乾
3	BHAA1101719	软件开发	大学生心理教育网	郑州轻工业学院	潘世瑞、尚瑞伟、宋坤明	沈高峰、甘勇
3	BHAA1102396	软件开发	程序设计在线评测系统	郑州轻工业学院	毛宾奇、刘修远、卢勇	朱付保、尚展垒
3	BHAE1101685	软件开发	程序爱好者社区	郑州轻工业学院	丁立鹏、孙高磊	张志锋、宋胜利
3	BHAE1102032	软件开发	CLOUD POS	信阳师范学院	倪艳艳、李伟	张文峰、黄俊
3	BHAE1202014	软件开发	基于 Android 智能平台的课程、日程管理	中原工学院	盛涛、张鹏	裴斐
3	BHAE1301929	软件开发	狐假虎威	信阳师范学院华锐学院	余霄霄、刘文睿、王娟	郭华
3	BHAE3201974	软件开发	水龙头	黄淮学院	向王婷、丁剑、谷保材	曾步衢、从继成
3	BHAE5301819	媒体设计民族文化组	漫步龙门	洛阳理工学院	杨勇、张凌晨、黄志平	李志先、高翔
3	BHBA1100229	软件开发	校园爱心网	湖北师范学院	汪文考、方浩、熊静	田文汇
3	BHBA1100232	软件开发	湖北师范学院创业学院	湖北师范学院	陈冰奇、胡泳、安俊	田文汇
3	BHBA1101459	软件开发	设备处网上办公平台	湖北理工学院	刘政华、刘作栋、廖万君	张国军
3	BHBA1600434	软件开发	高阶单变量方程及超越方程的多根的数值求解	武汉理工大学	沈琼、杨永坤	李民、孙骏
3	BHBA3200506	媒体设计专业组	A bowl of soup	华中科技大学	刘颖晟、刘旭、魏帅丽	龙韧
3	BHBA3200912	媒体设计专业组	源之水	湖北理工学院	吴正权、李飞、孙伟齐	刘满中、钟文隽
3	BHBA3201116	媒体设计专业组	一杯水	汉口学院	潘炎、陈丹晴、冯巧	刘爱国、陈坤
3	BHBA3201390	媒体设计专业组	穿越·水	湖北师范学院	邓卉林、霍莉桦	向丹丹
3	BHBA3301128	媒体设计专业组	乐乐鱼拯救家园	湖北师范学院	刘阿敏、朱琳、彭倩	梅颖

8-25

奖项	作品编号	大类(组)	作品名称	参赛学校	作 者	指导教师
3	BHBA3400169	媒体设计专业组	水影画	中南民族大学	蒙晴、王伊	徐红
3	BHBA3700511	媒体设计专业组	我是一瓶水	华中科技大学	周梦清、董嘉、蔡焰	邓秀军
3	BHBA3700692	媒体设计专业组	看不见的水	三峡大学	刘潇、林瑞、曹俊清	王俊英、金林
3	BHBA4301444	计算机音乐	Brave	武汉音乐学院	刘奔	李鹏云
3	BHBA4301460	计算机音乐	云	武汉音乐学院	姜柯	李云鹏
3	BHBA5200167	媒体设计民族文化组	泰坦尼克号—皮影版	中南民族大学	陈燕、张翱楚	程超
3	BHBA5300171	媒体设计民族文化组	五彩黎锦	中南民族大学	李建东、党之玉、江其金	陈桂
3	BHBA6100083	软件与服务外包	基于 Android 平台手机地图软件的设计与实现	武汉科技大学	李吉、王佳、孟成博、柳海飞、马小刚	丁胜
3	BHBA6100095	软件与服务外包	Android 智能行程资讯管理系统——reminder	武汉科技大学	柳海飞、李吉	丁胜
3	BHBA6100173	软件与服务外包	校园百事通	中南民族大学	苏顺、曲佳齐、朱稳	宋中山、吴立锋
3	BHBA6500896	软件与服务外包	PhotoCool	武汉理工大学	周文艳、于立、汪小阳、罗鹏、于跃	彭德巍
3	BHBA6700783	软件与服务外包	多维立体成绩分析系统	武汉理工大学	张斌灿、马涛涛、初雪、邝佛德、朱勃物	彭德巍
3	BHBD1100795	软件开发	江汉大学清源阳光思政网	江汉大学	曾伊蕾、邓雷、喻世俊	陶俊、程欣宇
3	BHBD1100802	软件开发	bad child	江汉大学	杨魏	高凤芬、程锐
3	BHBD1100995	软件开发	网络工作室首页	武汉科技大学	廖明楷、陈益新、张一丁	刘俊
3	BHBD1300318	软件开发	C 语言程序设计主观题自动评分系统	武汉理工大学	曾祥文、孙悦清、朱阁	王舜燕
3	BHBD2801333	媒体设计专业组	水的声音—原创电子音乐	华中师范大学	何华昌、冯阳、张建	艾欢
3	BHBD3100806	媒体设计专业组	水的两极性	江汉大学	郑昌顺	殷亚林、孔晓东

奖项	作品编号	大类组（组）	作 品 名 称	参赛学校	作 者	指导教师
3	BHBD3200996	媒体设计专业组	H₂O 的奇幻冒险	武汉理工大学	余轩,刘墨,赵洋	孙骏,罗颖
3	BHBD3201127	媒体设计专业组	水之梦	武汉理工大学	张天一,刘畅,肖源	李宁,罗颖
3	BHBD3301622	媒体设计专业组	阿Q历险记	武汉理工大学	蔚丰慧,马俊龙,夏清馨	钟钰,吴旭敏
3	BHBD3401163	媒体设计专业组	水足迹	武汉理工大学	陆晴潇,邱召权	李宁,蔡新元
3	BHBD3500990	媒体设计专业组	农田灌溉	武汉理工大学	董煜臣,曾凡桂,周显瑞	孙骏,栗丹倪
3	BHBD3701276	媒体设计专业组	涟漪	华中师范大学	石昆,武绍玮,李烨	范场
3	BHBD5100290	媒体设计民族文化组	民族建筑精选	湖北美术学院	刘雨晴,丛珂,倪萍	赵锋
3	BHBD5100798	媒体设计民族文化组	衣茅古今	武汉理工大学	原菌	孙骏,栗丹倪
3	BHBD5100858	媒体设计民族文化组	川彝情	武汉理工大学	张迪妮,周博文,许子童	钟钰,黎潇
3	BHBD5200389	媒体设计民族文化组	立体华容道	武汉理工大学	朱博鑫,王坛,张瑞	孙骏,周艳
3	BHBD5201394	媒体设计民族文化组	变脸	武汉理工大学	孙坤林,熊瑞	李宁,夏静
3	BHBD5300368	媒体设计民族文化组	英吉沙——多彩民族风情	武汉理工大学	王静,丁典,赵子文	钟钰,罗颖
3	BHEA2401385	媒体设计普通组	小鱼的灾难	中央司法警官学院	刘凯,刘跃,张桂利	寿莉,高冠东
3	BHEA3200840	媒体设计专业组	梦	河北经贸大学	路金山,腾凤,曹宇	高大中,李罡
3	BHEE1101925	软件开发	"游保定"——保定旅游门户网站	河北金融学院	王旭,董昊,巫秀红	刘冲,王涛
3	BHEE1102110	软件开发	系主任管理系统	河北大学	鹿雷,张晓雪,吕文利	顾潇华,张慧
3	BHEE1302088	软件开发	《数据结构》立体化教学软件	河北金融学院	李现川,高政,刘合鑫	曹莹,苗志刚
3	BHEE2402251	媒体设计普通组	地下水杂志	河北大学工商学院	张法盛,王亚康,鄢桂才	叶小倩,张天舒
3	BHEE3202164	媒体设计专业组	珍惜水资源	河北大学	王媛,闫晶晶	肖胜刚,李亚林
3	BHEE3402133	媒体设计专业组	"我"的世界	河北大学	路晓,张晓丹	齐耀龙,李亚林

奖项	作品编号	大类（组）	作 品 名 称	参 赛 学 校	作 者	指 导 教 师
3	BHEE5102132	媒体设计民族文化组	民族服饰手工艺品	河北大学	王媛	肖胜刚、李亚林
3	BHEE5302144	媒体设计民族文化组	民族建筑——四合院	河北大学工商学院	任丽、王欣然	刘红娜、肖胜刚
3	BHIA1102138	软件开发	楼盘销售系统	海南师范大学	于馨、刘大龙、黄新光	曹均阔
3	BHIA3201970	媒体设计专业组	水·魂	海南师范大学	林炜婷、康妮、刘泽阳	冯建平
3	BHIA5101882	媒体设计民族文化组	繁华丝锦	海南师范大学	朱峰、江觅、阳敏	林松、张清心
3	BHIA5101918	媒体设计民族文化组	黎元素（黎锦元素工艺品设计）	海南师范大学	刘月、王来元	林松、张清心
3	BHILA2101565	媒体设计普通组	"吸"	哈尔滨金融学院	王娇妍	郭海霞、李文媛
3	BHLA2301026	媒体设计普通组	海滩危机	哈尔滨理工大学	张博雅、张宏博、杜世锦	梅险
3	BHLA6400042	软件与服务外包	学生上机信息管理系统	哈尔滨学院	张家晨、陈秀、孟金波	王喜德
3	BHNA2101001	媒体设计普通组	一滴水的故事	长沙理工大学	郑涌达、车竣、朱钰	彭玉旭
3	BHNA1100272	软件开发	便携式网络舆情分析系统	湘潭大学	王邵华、曾旭东、阿嘎尔	唐欢容
3	BHND1400257	软件开发	千兆网络的数据包捕获及内容监控	湘潭大学	周晴宇	欧阳建权
3	BHND2201271	媒体设计普通组	We are friends	怀化学院	胡志慧、陈珊珊、彭倩	李晓梅
3	BHND3100959	媒体设计专业组	游龙	湖南大学	戴雨静	周虎、江海
3	BHND3101434	媒体设计专业组	Water Is Life	怀化学院	蒋宇龙、莫石坚、向瑜婷	李晓梅、余裴芳
3	BHND3200972	媒体设计专业组	水还是"水"？	湖南大学	张鑫、王林、明文慧	江海、周虎
3	BHND5300302	媒体设计民族文化组	湘黔苗服·韵	怀化学院	陈琼、娄嘉斌、罗顿	李晓梅
3	BHND5300961	媒体设计民族文化组	悠悠民族情	湖南大学	张文丰、吴迪、范红果	周虎、江海
3	BHND5301233	媒体设计民族文化组	基于 flash air 的湖南大学互动地图（PC/android/ios）	湖南大学	张伟、李俊	周虎、李小英

奖项	作品编号	大类(组)	作品名称	参赛学校	作者	指导教师
3	BJLE1101824	软件开发	个人博客盒子系统	吉林财经大学	王炬茗、隋美琪	毛云姗
3	BJLE1101852	软件开发	"e心e益"助残俱乐部	长春工业大学	张永明、邓斌、周海	朱丽莉
3	BJLE1101953	软件开发	自助式在线问卷系统	吉林大学	王乃贺、苒志华、杨丰蔚	徐昊
3	BJLE1102042	软件开发	学生公寓管理系统	吉林财经大学	郑皓曦、李婧、周丽	毛云姗
3	BJLE1102077	软件开发	长春市净月开发区退耕还林管理系统	吉林农业大学	苑超、李岩、李超然	李东明
3	BJLE1102361	软件开发	校长有约	吉林大学	吕俏、彭雨喧、杨丰蔚	徐昊
3	BJLE2202217	媒体设计普通组	口渴的熊猫	东北师范大学人文学院	王鹏宇、付红杰、李永健	孙慧
3	BJLE3202235	媒体设计普通组	曾经沧海	东北师范大学人文学院	杨心慕、王天雪、何冰	杨喜权
3	BJLE3401966	媒体设计专业组	水之声	长春工程学院	朱强、李晓璐、马世泽	端文新
3	BJLE6102056	软件与服务外包	基于LBS的大学生求职平台	东北师范大学	焦淑海、李久旸、李世燥	潘伟
3	BJSA1100803	软件开发	高校勤工助学管理系统	南京林业大学	李梦灵、蒋婷、沈午飞	韦素云
3	BJSA1200967	软件开发	360校园服务站	东南大学	沈飞、张哲、惠允	陈伟、鹿婷
3	BJSA1300024	软件开发	中国旅游文化之《兰亭》	盐城工学院	陈阳阳、杨丽萍、杨菊	李勇
3	BJSA1401338	软件开发	SQL Server仿真实验平台	南京理工大学	周文杰、张天池、龚思兰	丁晟春
3	BJSA1601341	软件开发	电子商务网站产品分类目录自动优化系统	南京理工大学	李小军、周陆雨初、章会	吴鹏、陈芬
3	BJSA3201551	媒体设计专业组	Water	南京林业大学	陈超英、吕星颖、刘慧	韦素云、彭俊
3	BJSA4101466	计算机音乐	格尔尼卡狂想	南京艺术学院	冷依晨	庄曜
3	BJSA4101604	计算机音乐	伶人歌	南京艺术学院	李玲慧	庄曜
3	BJSA6601054	软件与服务外包	基于cortex m3的借教室系统	东南大学	邓昊洋、刘雅丽、谢嘉宇	朱蔚萍、李美军

8-29

奖项	作品编号	大类(组)	作品名称	参赛学校	作者	指导教师
3	BJSE1102441	软件开发	基于 saas-magento 云商平台的开发与应用	常熟理工学院	王健,葛秀华	周剑,温杰
3	BJSE1102491	软件开发	红楼旖梦	南京大学	傅余洋子,阎锦恒,周健媚	金莹,张莉
3	BJSE1302471	软件开发	数独迷阵(Sudoku Puzzle)	南京大学	吕壁,张巨岩,朱毅	金莹,张洁
3	BJSE2402474	媒体设计普通组	宛在水中央	南京大学	郭千歌,郭丽蕾,郭琳	张洁,张莉
3	BJSE2702455	媒体设计专业组	1% 健康水	淮阴师范学院	杨佳,李彬坤,唐洁	陈文华,陈丽明
3	BJSE2702461	媒体设计普通组	生命与水	南京大学	范谙,韩露	张莉
3	BJSE3102470	媒体设计专业组	心水相依	淮阴师范学院	周情羽,杨雪峰	裴路阳,吴颖
3	BJSE3202448	媒体设计专业组	墨行千年	上海第二工业大学	郭睿,许得荣	郑磊
3	BJSE3702465	媒体设计专业组	水上人家	淮阴师范学院	胡雪雪,刘广耀,杜菁平	陈文华,荣锦轩
3	BJSE5302472	媒体设计民族文化组	中国四大名锦	南京航空航天大学金城学院	陈宸,刘怡	隋雪莉,詹玲超
3	BJSE6102443	软件与服务外包	PhotoPlayer	南京信息工程大学滨江学院	熊鹏	徐莉,王达
3	BJXA1201542	软件开发	智能点餐系统	江西师范大学	黄家俊,徐燕兰,许绍存	彭雅丽
3	BJXA1300239	软件开发	电视摄像与后期制作	赣南师范学院	刘颖,周维,邹婷婷	陈舒娅
3	BJXA1401495	软件开发	城市智能交通模拟控制平台	江西师范大学	刘丽玲,罗赟,刘嘉遥	彭雅丽
3	BJXA3100931	媒体设计专业组	水与杯子	南昌工程学院	王迪,刘彬,陈梓楚	李前程,段鹏程
3	BJXA3201018	媒体设计专业组	水趣园	南昌工程学院	湛绍宇,葛荟,鲁鹏	钟丽颖,段鹏程
3	BJXA3201617	媒体设计专业组	水花情	江西科技师范大学	秦帆,杨懿,晏玮康	陶莉
3	BJXA3701231	媒体设计专业组	清源	江西师范大学	刘文浩,孙凌奕,吴超超	廖云燕,刘一儒

奖项	作品编号	大类（组）	作品名称	参赛学校	作 者	指 导 教 师
3	BJXA5101138	媒体设计民族文化组	旗袍椅设计	南昌工程学院	郝晓伟、孙传耀、管森	李前程、段鹏程
3	BJXA6401486	软件与服务外包	DreamHouse 酒店商务管理系统	江西师范大学	王敏、吴培、王丽娜	吴福英
3	BJXA6101541	软件与服务外包	比赛信息集成系统	江西师范大学	康璐、何亚婷、李哲昊	彭雅丽
3	BJXA6500914	软件与服务外包	穿越时空—中华历史文化展示平台	江西师范大学	占思圆、诸烨铭、张思	柯胜男、龚俊
3	BJXA6501473	软件与服务外包	高校教改课题管理平台	江西师范大学	柯芬芬、刘伟豪、卢彦森、林星星	刘清华、李萍
3	BJXA6601519	软件与服务外包	聚惠眼	江西师范大学	王海燕、陈丽	章志明
3	BJXA6701468	软件与服务外包	"吃饭吧"校园网上订餐系统	江西师范大学	吴德兴、魏琦、伍强	石海鹏
3	BLNA110I677	软件开发	基于 Web 的高校科研管理平台	辽宁工业大学	徐小全、董尧、陈琪	褚治广、李昕
3	BLNA120I549	软件开发	大掌柜—个人商户管理系统	辽宁对外经贸学院	范佳荣、韩雪、霍志新	裴志华、吕洪林
3	BLNA1500034	软件开发	基于 MPI 并行计算平台的系统设计方案	辽宁工业大学	张齐、牟军涵、王阳	褚治广、李昕
3	BLNA1501211	软件开发	多核环境下的并行 k 最近邻查询与优化	大连大学	卿伦科、杨大敏、曾思毅	季长清、谢景卫
3	BLNA1601230	软件开发	分形植物模拟	沈阳建筑大学	张月明、刘利仙、黄运豪	杜利明、王凤英
3	BLNA2401568	媒体设计普通组	瓶装水	辽宁对外经贸学院	李双、谢思远、张潇子	张春明、吕洪林
3	BLNA4100298	计算机音乐	自然语	沈阳化工大学	孙跃、韩明澳、曾媛	张立忠、张颜
3	BLNA4100648	计算机音乐	逝去	沈阳理工大学	金岳、左树营、牛林源	杨大为、姜学军
3	BLNA4100718	计算机音乐	等待	沈阳化工大学	冯嗣宸、邓家璧、蔡蕾	高巍、张立忠
3	BLNA4101201	计算机音乐	梦开始的地方	沈阳建筑大学	杨鹏、张司琪、王森	王守金、荣方平
3	BLNA4101210	计算机音乐	Joy Time	沈阳建筑大学	关宏柱、张司琪、王森	王守金、刘天波
3	BLNA4200726	计算机音乐	紫色花瓣雨	沈阳化工大学	邓家璧、冯嗣宸、蔡蕾	李海燕、张立忠

续表

奖项	作品编号	大类（组）	作品名称	参赛学校	作者	指导教师
3	BLNA4201343	计算机音乐	理想的翅膀	沈阳建筑大学	王森,郎小群	王守金
3	BLNA5101712	媒体设计民族文化组	洞房花烛	大连工业大学	聂凡尧,刘钰涵,冯琳	栾海龙
3	BLNA6100069	软件与服务外包	基于 Android 平台的移动教务系统客户端开发	沈阳化工大学	陈成功,李响,刘青,刘成祥,郝晓明	郭仁春,赵立杰
3	BLNA6100752	软件与服务外包	基于 Windows 8 的"聆听"音乐播放软件	沈阳理工大学应用技术学院	徐粤玲,朱方佳,张天宇	赵云鹏
3	BLNA6101623	软件与服务外包	Lost-And-Found 失物招领平台	东北大学	熊松,王曦,谢志宁	董傲霜
3	BLNA6201241	软件与服务外包	数据分析显示平台	大连交通大学	庞恭翔,宋林浩,杨锐	郭伟新
3	BLNA6201396	软件与服务外包	教学资料管理系统的设计与应用	辽宁工业大学	孟凡帆,赵立群,张珊,司慧桐,杨峰	刘鸿沈,佟玉军
3	BLNA6201561	软件与服务外包	大连工业大学网络期刊信息平台	大连工业大学	张赛,李博玉,吴霜,李鹏娟,张得重	李晓红,于晓强
3	BLNA6300078	软件与服务外包	炫乐 Eplayer	沈阳化工大学	柯乐艺,姚磊,徐杨	张立忠,姜楠
3	BLNA6300222	软件与服务外包	U-key 加密锁	沈阳师范大学	董巧玲,冯昌客,姚远	祁长兴,高峰
3	BLNA6300223	软件与服务外包	FaceToolkit	沈阳师范大学	赵磊,张茜如,任伟	祁长兴,王冶
3	BLNE1101699	软件开发	沈阳航空航天大学就业网	沈阳航空航天大学	籍亨聪,林亭亭	郑爽勇
3	BLNE1101714	软件开发	城院文库	大连理工大学城市学院	孙家东,李浩,刘俊杰	王善坤
3	BLNE1101759	软件开发	教务点名系统	沈阳建筑大学	喻为秋,夏绿周,张司琪	王守金,董洁
3	BLNE1101804	软件开发	校园·帮——资源交流平台	辽宁大学	王喜,谭元日,黄凤玲	曲大鹏,王军
3	BLNE1101863	软件开发	毕业设计管理系统	沈阳工业大学	曲阳,常欣,李康素	朱天翔
3	BLNE1101991	软件开发	教学过程支持系统	辽宁师范大学	王迪,隋洁,孙洪越	张大为
3	BLNE1102000	软件开发	基于城际物流的食品分销平台建设	大连交通大学	孙滢贺,姚家政,谭嘉乐	马海波

续表

8-33

奖项	作品编号	大类（组）	作品名称	参赛学校	作者	指导教师
3	BLNE1201755	软件开发	软件工作量数据采集分析系统	辽宁师范大学	杨冬冬,周健,吴呈呈	张大为
3	BLNE1201888	软件开发	ZZTech企业网络办公平台	沈阳师范大学	罗超	崔婀娜,汪楠
3	BLNE1201997	软件开发	超市会员积分制销售系统	沈阳师范大学	代竺洋,郭文科	夏辉
3	BLNE1202021	软件开发	俱乐部制体育课学生选课系统	辽宁科技学院	马志锋,李荣伟,吴万华	刘丽华,韩召
3	BLNE1202057	软件开发	物资储备调度系统	沈阳理工大学应用技术学院	胡文轩,齐海阳,卢甲强	赵云鹏
3	BLNE1302022	软件开发	《红楼梦》之杯金悼玉	辽宁科技学院	赵晶晶,王晓欢,苏夏梦	王海波,刘慧宇
3	BLNE1302127	软件开发	C语言网络课程	沈阳建筑大学	吕朝晖,李婷	童洁,王守金
3	BLNE1302157	软件开发	植物细胞有四分裂	辽宁师范大学	郝云云,张晗,曲惠	李玉斌,刘陶
3	BLNE1302212	软件开发	信号与系统	辽宁工业大学	张姗,李博,李俊娅	刘鸿沈
3	BLNE1401823	软件开发	针对"粗苯制的精制"有机实验的虚拟实验技术	大连理工大学	张明旭,杨彩玲,刘安琪	姚翠莉
3	BLNE1402298	软件开发	基于kinect的多媒体教学平台	东北大学	刘彦博,王任铮,李岩海	黄卫国
3	BLNE2101820	媒体设计普通组	盆栽植物宣言——珍爱水源系列	大连理工大学	毛璐	金博,姚翠莉
3	BLNE2101961	媒体设计普通组	水之性	沈阳师范大学	叶洋,李秀燕,韦瑞哲	毕靖,林海
3	BLNE2101992	媒体设计普通组	一滴·世界	沈阳建筑大学	焦浩,于振,蒋大鹏	杜利明,王凤英
3	BLNE2102141	媒体设计普通组	生命之源	沈阳理工大学应用技术学院	刘杨平,王星,辛玮泽	刘申菊
3	BLNE2201688	媒体设计普通组	酸雨季节	沈阳化工大学	杨玉莘,陈征,刘祎	郭仁春,白海军
3	BLNE2201738	媒体设计普通组	水精灵	沈阳化工大学	范长志,何增达,育元勋	张立忠,王军
3	BLNE2201808	媒体设计普通组	一滴水的旅行	大连理工大学	陈笛,王呈,张铭正	金博,姚翠莉

奖项	作品编号	大类(组)	作品名称	参赛学校	作者	指导教师
3	BLNE2201943	媒体设计专业组	波光起万物生	辽宁工业大学	徐阜,史帆,赵雨	王小丽
3	BLNE2201964	媒体设计普通组	万能的水	沈阳师范大学	赖泳诚	杨亮,邹丽娜
3	BLNE2201968	媒体设计普通组	栈桥边的美人鱼	大连海洋大学	潘来兴,邱院	李然
3	BLNE2202120	媒体设计普通组	水——人类最后一滴眼泪	沈阳理工大学应用技术学院	曹佳颐,刘旅欧,隋璐	杨玥
3	BLNE2202125	媒体设计普通组	水——生命之源,万物之泉	沈阳理工大学应用技术学院	陈钧岩,孙怡然,孙绍文	杨玥
3	BLNE2202131	媒体设计普通组	淼淼	大连交通大学	王维玺	丁立佳
3	BLNE2301827	媒体设计普通组	寻水	沈阳师范大学	孙赫孜	杨亮,刘冰
3	BLNE2401708	媒体设计民族文化组	满情电子书	大连民族学院	张哲群,黄可欣	王楠楠
3	BLNE2401895	媒体设计普通组	生命之源	大连海洋大学	常大财,伍良树	李然,孙庚
3	BLNE2402008	媒体设计普通组	水之旅——中国四水天池	沈阳师范大学	詹迪,刘赫,佟雪	刘立群,周颖
3	BLNE2701717	媒体设计普通组	逃跑的水	大连东软信息学院	李明阳,于杰,田路	李又楠,付立民
3	BLNE2701881	媒体设计普通组	水之情	沈阳师范大学	裴书权,刘朋,孙尚阳	郭宇刚,李文
3	BLNE2702010	媒体设计普通组	亲爱的,那不是爱情	沈阳师范大学	徐峰,徐云飞,赵小淇	黄志丹,刘立群
3	BLNE2702210	媒体设计普通组	渴	沈阳建筑大学	郝芳芳,王婕,徐劲松	王守金,韩子扬
3	BLNE3101739	媒体设计专业组	以大连市庄河小寺河为例的滨水景观设计	大连理工大学	陈昂,高薪,曹培青	林墨飞,霍丹
3	BLNE3101784	媒体设计专业组	生命旋律	沈阳化工大学	吴壮,王飞,李萍	陈英杰,李静
3	BLNE3101818	媒体设计专业组	自然·影像办公空间	沈阳化工大学	何宝凤,王怀丽,洪会会	陈英杰,李静
3	BLNE3101994	媒体设计专业组	桃李天下 源头流水	大连理工大学	李洋,高新	林墨飞,霍丹

奖项	作品编号	大类(组)	作品名称	参赛学校	作者	指导教师
3	BLNE3102025	媒体设计专业组	水	辽宁科技学院	王天亮,赵亚会,齐雨臣	杨欣,王毅
3	BLNE3102217	媒体设计专业组	异度海域	大连东软信息学院	王圣雅	付力娅,赵鲁宁
3	BLNE3102327	媒体设计专业组	海星传说	大连东软信息学院	王浩,刘冰,卢翔德	高楠,姜涛
3	BLNE3201785	媒体设计专业组	水与时代	沈阳师范大学	王艾雪,臧薇,赖冰岩	杨亮,张岩
3	BLNE3301803	媒体设计普通组	Jungle Drift	大连理工大学	胡泊,许言,陈彤	王祎
3	BLNE3302007	媒体设计普通组	Seabed War	沈阳理工大学	刘炳柏,张超伦	苑勋,周越
3	BLNE3402156	媒体设计专业组	华夏水印象	辽宁师范大学	王涛,刘洋,崔春阳	李玉斌,姚巧红
3	BLNE3701725	媒体设计专业组	水的世界	沈阳航空航天大学	房立秋,李觐辰	毕静,吕锋
3	BLNE3701779	媒体设计专业组	Lucy and Anna	大连民族学院	张媛,王昱若,刘佳斌	常芳敏,李文哲
3	BLNE3702173	媒体设计专业组	印象西山湖	辽宁师范大学	戚凤亮,丁琼,李云磊	任德强
3	BLNE3801729	媒体设计专业组	water and life	大连民族学院	斯琴,陈见芳	杨玥,纪力文
3	BLNE5101707	媒体设计民族文化组	从秀女到皇太后——解读甄嬛娘娘的清宫服饰	沈阳化工大学	程雪峰	李静静,石满祥
3	BLNE5101963	媒体设计民族文化组	生态民族建筑设计	大连东软信息学院	于艾禾	赵鲁宁,付力娅
3	BLNE5102184	媒体设计民族文化组	民族建筑——凉亭	辽宁石油化工大学	王嬿,李昱萱,马鹏飞	王彤,刘洋
3	BLNE5201856	媒体设计民族文化组	浓缩的艺术——《园林·美》	辽宁工程技术大学	王睿智,赵家林,杨晓婷	陶颖
3	BLNE5201976	媒体设计民族文化组	《辽海传说》角色概念设计	大连东软信息学院	鲍思羽,刘显艺,蔡瀚林	师玉洁,潘永明
3	BLNE5202067	媒体设计民族文化组	梦回清明上河图	东北大学	刘荣叁,王一舒,高诗莹	喻春阳
3	BLNE5302179	媒体设计民族文化组	幻想敦煌	东北大学	王峰,潘丁凯,汪爽	喻春阳
3	BLNE6102219	软件与服务外包	智能巡检机器人	辽宁石油化工大学	蒋辉军,董宪,孟依承	王晓虹,张威

奖项	作品编号	大类（组）	作 品 名 称	参赛学校	作 者	指导教师
3	BNMA6100279	软件与服务外包	大学生课堂考勤系统	内蒙古农业大学	肖峰,郭黎杰,张同砚洋	乌日更
3	BNXE1102167	软件开发	ClassShowTime-在线班级秀	宁夏大学	马宗元,安全友,姚佳乐	张虹波,匡银虎
3	BNXE1401983	软件开发	面向自适应监控的安全交易网关系统	北方民族大学	罗杰杰,金运澈,胡孙泽	韩强
3	BSCA1100523	软件开发	九州和韵	西南民族大学	李梅,蒋贵欣,李超	罗洪,侯庆秋
3	BSCA3400621	媒体设计专业组	上善若水	西南民族大学	晏迪,罗建生,唐诚	罗洪,杨杰
3	BSCE1102106	软件开发	基于手机的教务信息辅助查询系统	成都医学院	陈凡,张希	胡艳梅,羊牧
3	BSCE1102134	软件开发	ZeroClothing	四川文理学院	刘静,李茹钰,王超	贺建英
3	BSCE2101841	媒体设计普通组	视觉设计——《别"枯"》	泸州医学院	田甜,余小娟,姚晶晶	曹高飞
3	BSCE2202211	媒体设计普通组	水韵邛海	西昌学院	林杰,李伟,张慧琳	韩德,黎华
3	BSCE3101697	媒体设计专业组	H_2O	西南民族大学	唐诚	罗洪,黄莉
3	BSCE3202198	媒体设计专业组	梦回桃源	宜宾学院	钟鸣	蓝天
3	BSCE3202242	媒体设计专业组	水的力量	成都大学	罗乐,张铁境	范文杰
3	BSCE3702423	媒体设计专业组	影中戏	西华师范大学	彭家强,曹亚婷	王苋
3	BSCE5202407	媒体设计民族文化组	迎春	西华师范大学	闫雅丽	刘睿,黄冠
3	BSDA1100105	软件开发	阳光幼儿园网站	德州学院	张小斌,张博	王凤群,刘敏
3	BSDA1100106	软件开发	拼拼团网站系统	德州学院	李昌,娄瑞华,范玉页	李海军,陈玉栋
3	BSDA1200110	软件开发	基于遗传算法的在线考试系统	德州学院	施竣鹏,王洋洋,王延平	王丽丽,郑文艳
3	BSDA1600116	软件开发	上证股指预测系统	德州学院	张志振,刘冲,任华	杨光军,王丽丽
3	BSDA2200134	媒体设计普通组	水	德州学院	于仁汇,雷振华,熊壮志	秦丽,孟佼焕
3	BSDA2400138	媒体设计普通组	水之魂	德州学院	李成鹏,王冬,张丹丹	秦丽,李丽

奖项	作品编号	大类(组)	作品名称	参赛学校	作者	指导教师
3	BSDA2700139	媒体设计普通组	水之情	德州学院	常进,张杰,王东东	孟俊焕,秦丽
3	BSDA3100124	媒体设计专业组	珍惜水资源	德州学院	辛丽娟	李庚明,王倩
3	BSDA3100127	媒体设计专业组	我们可以坚持多久?(保护水资源)	德州学院	黄姜迪	李庚明,杨平
3	BSDA3201605	媒体设计专业组	源	中国海洋大学	覃谕,李兆兵	陈雷
3	BSDA3701162	媒体设计专业组	一滴水的"神奇之旅"	临沂大学	曲财正,王凯,孙东坡	刘梅,张年年
3	BSDA4200155	计算机音乐	梦回西湖	德州学院	王正阳,董孟	马锡筹,宋广元
3	BSDA4200156	计算机音乐	那样的年华	德州学院	董孟,王正阳	马锡筹,王洪丰
3	BSDA5100146	媒体设计民族文化组	青花瓷	德州学院	黄鑫	李庚明,马锡筹
3	BSDA5100147	媒体设计民族文化组	中国·风格	德州学院	黄姜迪	李庚明,杨平
3	BSDA5300142	媒体设计民族文化组	"镜"下驻"族"	德州学院	于娇,刘冰冰,俞昌宗	杨蕾,黄雯
3	BSDA6200148	软件与服务外包	计算机辅助学生相片信息采集系统	德州学院	赵盛鑫,洋圆圆,张甜甜	宋广元,马锡筹
3	BSDA6200149	软件与服务外包	高校学生考试安排系统	德州学院	蔡晓磊,许珍珍,孙学亭	宋广元,马锡筹
3	BSDE2402495	媒体设计普通组	水的梦·我的梦	聊城大学	秦萧,李科	牟娟,赵海军
3	BSHA1300210	软件开发	城市化——人口流动	华东师范大学	马鑫,朱诗意	陈志云,刘丰
3	BSHA1400771	软件开发	Luamatic程序化交易系统	上海财经大学	俞翔理,李根剑,韩洲枫	谢斐
3	BSHA1400772	软件开发	Bus is coming——车来了	上海财经大学	薛逸枫,朱奕有,丁捷	黄海量
3	BSHA2200775	媒体设计普通组	茶·人生	上海财经大学	时安,潘冰凝,朱宁娟	曹风
3	BSHA2201470	媒体设计普通组	爱护我们的家园——惜水篇	上海财经大学	高珏豪,陈特凝,蒋亦陈	曹风
3	BSHA2701336	媒体设计专业组	生命之水 心灵之美	上海杉达学院	胡蓓蓓,谭婧,殷定虹	刘泽
3	BSHA3101179	媒体设计专业组	水	东华大学	黄希珂,郭晓轩	吴志刚

奖项	作品编号	大类（组）	作 品 名 称	参 赛 学 校	作　者	指 导 教 师
3	BSHA3401178	媒体设计专业组	水与生命	东华大学	陈齐	张红军、吴志刚
3	BSHA4301102	计算机音乐	Nature	上海师范大学	胡星圆	申林
3	BSHE1101795	软件开发	.Metro OS	上海海洋大学	苏培涛、朱怡馨	郭承霞、张晨静
3	BSHE1101900	软件开发	国金商城	上海第二工业大学	张洁洁、吕雪丹、杜浩	潘海兰
3	BSHE1101956	软件开发	经益求精	上海理工大学	方国浩、段伊伊	黄春梅
3	BSHE1102500	软件开发	基于内容管理系统的计算机导论课程网站设计与实现	上海商学院	徐晶、陈兴杰	蒋博
3	BSHE1102502	软件开发	学生宿舍管理系统	上海商学院	殷飞涛、邢华蓉、徐静雅	李智敏
3	BSHE1201748	软件开发	简立方	上海对外经贸大学	吕天兵、杨煜、夏盛	杨年华
3	BSHE1201905	软件开发	医学文献翻译大师	第二军医大学	谭昊野、陆柏辰、施烜	宋茂海
3	BSHE1201950	软件开发	高校微课资源查询预约系统	上海理工大学	唐章源、李坤、李明仙	黄小瑜
3	BSHE1202240	软件开发	嘉园出行小助手	同济大学	赵元莹、阳扬、李波	袁科萍
3	BSHE1301998	软件开发	一条快捷便利的交通生命线——充气膜管梁	同济大学	侯瑞、张庆杰、蒋宁羚	李湘梅
3	BSHE1401973	软件开发	远程生化信息系统	上海理工大学	王菲菲、潘杰、蔡璐燕	孔祥勇
3	BSHE2202317	媒体设计专业组	遥远的故事	上海对外经贸大学	陈百慧、耿筠青、郭茜	顾振宇
3	BSHE2202490	媒体设计普通组	喵喵历险记之保护水资源	上海商学院	李佳颖、许芸婷、季文霞	李智敏、毛一梅
3	BSHE5302180	媒体设计民族文化组	中华饮食文化	上海对外经贸大学	刘娴娴、施意	顾振宇
3	BSHE6502499	软件与服务外包	怀林堂养生保健系统	上海中医药学院	唐力、董怀怀	孙秀丽
3	BSNA3101244	媒体设计专业组	无水不成未来	西北工业大学明德学院	孙晶晶	舒粉利
3	BSNA3401229	媒体设计专业组	水意无穷	西北工业大学明德学院	吴月媛、张鹏冲	舒粉利

奖项	作品编号	大类（组）	作品名称	参赛学校	作 者	指导教师
3	BSNA5100627	媒体设计民族文化组	汉魂	西安工程大学	皮海笑、张浩男	李莉
3	BSNA5101214	媒体设计民族文化组	花语	西北工业大学明德学院	刘思雨、朱琳琳	冯强、白珍
3	BSNE1101773	软件开发	信息工程学院综合测评管理系统	西藏民族学院	饶龙龙、李开青、顿珠	赵尔平
3	BSNE1102152	软件开发	基于Web的课程作业管理系统	西安电子科技大学	蔡志豪、张曦桐、程端	李隐峰
3	BSNE1102429	软件开发	涟漪	安康学院	任玉凤、杨阿娟	康亚娟
3	BSNE1202262	软件开发	考试系统	西藏民族学院	张静静、郑文芳、陈艳华	王跟成
3	BSNE1402086	软件开发	西电通	西安电子科技大学	张辉、赵超、程进	李隐峰
3	BSNE2202097	媒体设计普通组	珍爱水资源	西安电子科技大学	王成成、李旭刚、吴爱萍	—
3	BSNE2401732	媒体设计普通组	保护母亲河——八水绕长安·九湖映古城	陕西科技大学	亢君、陈旭、常婉平	雷超
3	BSNE3302292	媒体设计专业组	OCEAN WAR	安康学院	张国庆、李泽杰	张洪江
3	BSNE5202367	媒体设计民族文化组	我住在窗内	西北大学	杨伟、李晓明	温雅
3	BSXA1101203	软件开发	暂住人口管理系统	山西财经大学	苏志辉、邱蓉	肖宁、王昌
3	BTJE1101813	软件开发	玩转天津	天津商业大学	陈恩俊、王之彦、白马靖峰	尉斌
3	BTJE1101815	软件开发	五月天中文网	天津商业大学	刘钰、李卓荟、魏伯珺	孙海军
3	BTJE1301816	软件开发	基于网络化的《马克思主义基本原理概论》课程教学辅助平台系统	天津商业大学	谢鹏	耿艳香
3	BTJE1301848	软件开发	日语入门学习系统	天津外国语大学	马晓玲	柴金焕
3	BTJE1401812	软件开发	基于Multisim的电子线路虚拟实验平台	天津商业大学	张尧、王冈、赵丽媛	耿艳香
3	BTJE2702043	媒体设计普通组	书画魅力	天津师范大学	杨灼约华、马浩然、赵丁	—

8-39

续表

奖项	作品编号	大类（组）	作品名称	参赛学校	作　者	指导教师
3	BTJE3102315	媒体设计专业组	梦源	南开大学	贾梦真、刘童童、李平	高菱菱、杜森
3	BTJE3402229	媒体设计专业组	旅游杂志《忆江南》的设计与实现	南开大学滨海学院	沈芳	高敏芬
3	BTJE3702224	媒体设计专业组	延时摄影纪录片《TimeElapse》的拍摄与制作	南开大学滨海学院	雷天音、丁键、陈海凯	孙福波
3	BXJE1102319	软件开发	AOP技术在成绩管理系统中的应用	新疆大学	王双全、孙霞、金鹏飞	张琳琳
3	BXJE1102351	软件开发	高校大学生综合测评系统	新疆财经大学	周明	闵东
3	BXJE1102377	软件开发	基于Web的在线考试系统	喀什师范学院	张晓彬、邹华军	沙吾提江·亚森
3	BXJE1102408	软件开发	基于Dedecms的部门网站	石河子大学	李海东、单卓	周涛
3	BXJE1102432	软件开发	大学生数学建模实践创新教学基地设计	塔里木大学	朱文成、谢艳龙、王冠军	吴刚
3	BXJE1502434	软件开发	并行计算的应用	塔里木大学	李峰、韩路	陈立平
3	BXJE1602433	软件开发	基于DirectShow的多媒体播放器DSPlayer实现	新疆大学	王海洋、靳瑞荣、李洁	张琳琳、余广新
3	BXJE2102368	媒体设计普通组	THE LAST CLOUD(最后一片云)	新疆医科大学	刘子峰、张伟强、韩宇	田翔华
3	BXJE2702427	媒体设计普通组	渐去的水	新疆大学	寇文能、彭炫、朱振亮	许燕、章翔峰
3	BXJE3702440	媒体设计专业组	塔布的第八洲	塔里木大学	王莉、刘苗苗	王中伟
3	BXJE4102519	计算机音乐	飞逝的青春	新疆大学	李建军、王进超、袁涛	周建平、许燕
3	BXJE4202383	计算机音乐	京剧元素	新疆艺术学院	张俊	黎海涛、何康
3	BXJE5302395	媒体设计民族文化组	喀什师范学院民俗博物馆	喀什师范学院	刘洁、王金龙、孙戈林	蔡晓明、刘铸
3	BXJE6402422	软件与服务外包	学生信息综合管理系统	石河子大学	朱骏、王金光、宋晔、邵建芳、李鸿燕	李志刚
3	BXJE6402430	软件与服务外包	牛场信息管理系统	石河子大学	魏冬亮、段维俊	刘巧

奖项	作品编号	大类（组）	作 品 名 称	参赛学校	作 者	指 导 教 师
3	BXZA2300023	媒体设计普通组	水族馆	西藏大学	殷继宁、雷清波、张艺霖	安映
3	BYNA3101161	媒体设计专业组	水味道	曲靖师范学院	杨雅妹、顾佼阳	孔德剑、包娜
3	BYNA3700869	媒体设计专业组	高原的呼唤	曲靖师范学院	李兴、苏加湖、王华林	孔德剑、胡天文
3	BYNA3700870	媒体设计专业组	假如	曲靖师范学院	张雷、姚俊国、邱光阳	孔德剑、胡天文
3	BYNA5101883	媒体设计民族文化组	白族服像图展	大理学院	宝寿荣、杨正旭、杨志华	杨健、李志业
3	BYNA5200686	媒体设计民族文化组	生土建筑的复兴	云南农业大学	金戈、徐瑞阳、董彦杉	李显秋
3	BYNA5300664	媒体设计民族文化组	云南少数民族电子茶博物馆系列之民族印象——佤族	云南农业大学	马颖、蔡安红、尹照迪	李靖瑜
3	BYNA5300751	媒体设计民族文化组	哈尼族新型节能型土掌房设计	云南农业大学	董淑月、周江龙	李显秋
3	BYNA6101052	软件与服务外包	"微校园"移动信息共享平台设计	云南财经大学	林赛姬、时煜斌、常鸣远、张强、曹瑞剑雄	冯涛、高提雷
3	BYNE1302143	软件开发	普洱茶文化研究与展示	云南财经大学	段晓君、王晓颖	李莉平
3	BYNE1402033	软件开发	任意波形发生器虚拟软件平台设计	西南林业大学	张有良、王丽芳	李俊莪
3	BYNE2101952	媒体设计普通组	水韵云南	昆明医科大学	朱正华	吴林雄、章可
3	BYNE2102170	媒体设计普通组	剑鱼濒海斗舰	昆明理工大学	熊宁、赵明杰、李佳伦	刘泓滨、黎志
3	BYNE2102228	媒体设计普通组	蜗居	昆明理工大学	孙奥、王志、亓立	刘泓滨、吴海涛
3	BYNE2202481	媒体设计普通组	水精灵环游地球村	云南农业大学	刘宪田、陈云、苏蒙蒙	蔡小波、严伟榆
3	BYNE2801927	媒体设计普通组	末日浩劫——水危机	昆明理工大学	何为、素栋敏	耿植林、胡学伟
3	BYNE3102027	媒体设计专业组	唤醒沉睡的回忆	昆明理工大学	王鑫博、韦鑫、郑贤程	陈格、闵薇
3	BYNE3201947	媒体设计专业组	生命之源	昆明理工大学	邵丹丹、王鑫博、刘逸之	陈格、闵薇
3	BYNE3201960	媒体设计专业组	泾·渭	昆明理工大学	刘坚、阮迪	杜文方、张谡元

8-41

续表

奖项	作品编号	大类（组）	作品名称	参赛学校	作 者	指导教师
3	BYNE3202041	媒体设计普通组	水德师德	文山学院	张园松	吴保文、戚国刚
3	BYNE3402098	媒体设计普通组	你最珍贵	云南民族大学	白丹瑞	赵艳芳
3	BYNE3602104	媒体设计专业组	梦中大观楼	昆明理工大学	张格源、程奕然、李晓菊	胡鹏、王德燕
3	BYNE3702016	媒体设计专业组	捞水前行	云南师范大学	邹晓玲、张如盛基	杨婷婷
3	BYNE3702254	媒体设计专业组	中国梦·节水行	云南民族大学	杨峰、张平栋	杨国兴、曾庆新
3	BYNE5102064	媒体设计民族文化组	《彝韵》民族工艺品设计	文山学院	陈妃壮、张万甲、彭丰	贾芳
3	BYNE5102122	媒体设计民族文化组	指尖·唐卡	云南师范大学	李钰萱	向杰
3	BYNE5102150	媒体设计民族文化组	追忆 1903 山地酒店设计	昆明理工大学	郭骏超、汤莉阳、宋萍	潘晨旻、施红
3	BYNE5102300	媒体设计民族文化组	佤山魂	云南财经大学	许翠珊、夏琳、鲁正东	郭利、王天元
3	BYNE5302246	媒体设计民族文化组	民族梦	云南财经大学	程晓蓓、周秀芸、汪淑	马冯、王良
3	BYNE6602267	软件与服务外包	基于 Android 手机的智能防丢防遗忘系统	云南农业大学	杨晓东、李四才	张佳进
3	BZJA1101062	软件开发	EMA——教师教研管理助手	杭州师范大学	裘炯涛、邵和杰、余伦	张佳、俞凯
3	BZJA1101640	软件开发	net 内容管理系统	浙江传媒学院	武享贤、叶敏、杨帅	俞定国
3	BZJA2101646	媒体设计专业组	等价交换	浙江传媒学院	李慧妍、张旭冉、欧元	—
3	BZJA2101647	媒体设计普通组	污水调味剂	浙江传媒学院	欧丽红	—
3	BZJA2201658	媒体设计专业组	遇见	浙江传媒学院	徐怡蕾、付佳玮、杨欢	马同庆
3	BZJA3201096	媒体设计专业组	水漫金山	杭州师范大学	熊杨亦	李佳瑶、林国胜
3	BZJA3301679	媒体设计专业组	UUZ	浙江传媒学院	曾林峰、徐王良、方昱翔	杜辉、荆丽茜
3	BZJA3401067	媒体设计专业组	南宋·杭州水	杭州师范大学	陈文兰、陈爱迪、金敏	晏明、朱珺

奖项	作品编号	大类（组）	作品名称	参赛学校	作者	指导教师
3	BZJA3401659	媒体设计专业组	Melody Flow(律动)	浙江传媒学院	朱晟达、李鸿超	钟鸣
3	BZJA3701342	媒体设计专业组	有点甜——农夫山泉系列广告	杭州师范大学钱江学院	薛晨飞、来江、崔同舟	李一洲
3	BZJA3701484	媒体设计专业组	水梦奇缘	浙江科技学院	胡双倍、陈丽娜、邓钰	雷运发、林雪芬
3	BZJA3701645	媒体设计专业组	乡水·擂茶	浙江传媒学院	陈蒙祥、何远杰、张旋	王志伟
3	BZJA4101192	计算机音乐	眦湿奴——净	杭州师范大学	张蒙	段瑞雷
3	BZJA4101665	计算机音乐	简单的理由	浙江传媒学院	赵鑫诚	黄川
3	BZJA5201671	媒体设计民族文化组	民族建筑知多少	浙江传媒学院	顾婧、张艺华、许圣乾	马同庆
3	BZJA5301678	媒体设计民族文化组	最美中国——万里长城	浙江传媒学院	顾婧、焦文	马同庆
3	BZJA6401084	软件与服务外包	出租车综合管理平台	杭州师范大学	王珂、张红兵、王娜、童佳音、陶婷婷	陈翔
3	BZJE2702458	媒体设计普通组	想	浙江农林大学天目学院	叶翔鹤、李蔡浩、范程翔	陈英波、黄晓英
3	BZJE3102460	媒体设计专业组	直挂云帆济"沧海"	上海第二工业大学	李国雄	施红
3	BZJE3102466	媒体设计专业组	水·生活	浙江农林大学天目学院	鲁佳囡、朱亚南	陈英、方善用
3	BZJE3102483	媒体设计专业组	费、污、染	浙江农林大学天目学院	陈楷	方善用、黄慧君
3	BZJE3202462	媒体设计专业组	How Does It Feel	上海第二工业大学	陈韵琪	施红
3	BZJE3702477	媒体设计专业组	龙的传人	上海第二工业大学	方晶	施红
3	BZJE5102445	媒体设计民族文化组	"国画精神与民族服饰"民族服饰概念设计	浙江农林大学天目学院	陈雅真、李梦婷	黄慧君、方善用
3	BZJE6102494	软件与服务外包	移动粮仓监控系统	怀化学院	贺承欢、刘沙、王宋祥	林晶
3	BZJE6502449	软件与服务外包	面向个性化学习的适应性实验教学系统	浙江师范大学	胡哲玮、陶燕云、朱思奇	王小明

奖项	作品编号	大类（组）	作 品 名 称	参 赛 学 校	作 者	指 导 教 师
3	ZAHE1101778	软件开发	《安广福新幼儿园》网站设计	安徽广播影视职业技术学院	王永娟	王家峰、韩大国
3	ZAHE1101843	软件开发	三河古镇	合肥财经职业学院	张旭、宁娟、谢其玲	周冰玲、杨婷
3	ZAHE1101844	软件开发	中国春节	合肥财经职业学院	刘自立、汪志友	周冰玲、杨婷
3	ZAHE1201984	软件开发	亳州师范高等专科学校学生上机计费管理系统	亳州师范高等专科学校	杨阳、魏民秀、徐漫丽	耿涛、黄磊
3	ZAHE3201982	媒体设计民族文化组	符离集烧鸡与汉代建筑	宿州职业技术学院	胡晓东、汪扬扬、李刚	魏三强、侯舞阳
3	ZGDA1100822	软件开发	基于微信二维码的新媒体营销型网站	深圳职业技术学院	麦旭辉、张彬、蔡培浩	庄亚俊
3	ZGDA1200098	软件开发	智勇大通关	深圳职业技术学院	陈佼尧、高军、郑楠鑫	李俊平
3	ZGXD1101413	软件开发	中国风—国粹京剧	桂林电子科技大学职业技术学院	梁伶俐	吴飞燕、甘杜芬
3	ZGXD2101505	媒体设计普通组	JION US—爱护水资源宣传海报	桂林电子科技大学职业技术学院	何媚	卢金燕、刘利民
3	ZGXD2401529	媒体设计普通组	城市内的水	桂林电子科技大学职业技术学院	覃悦	刘浩、刘利民
3	ZHAA3401295	媒体设计专业组	水·生命的奇迹	郑州城市职业学院	丁纵桧	张君瑞、轩丹阳
3	ZHAA3701334	媒体设计专业组	水乐章	中原工学院信息商务学院	刘雨晨	山笑珂、李毅哲
3	ZHAE1101690	软件开发	郑州博冠医疗器械有限公司企业网站	郑州华信学院	陈智强、任晓毅	蒋文娟、冯光辉
3	ZHAE1102005	软件开发	医院挂号预约系统	黄河水利职业技术学院	刘俊涛、赵康、杨欢乐	张志纲
3	ZHAE6102333	软件与服务外包	对影	南阳师范学院	王绍帅、周玲玲、宋李嫒	刘长旺
3	ZHBD3200588	媒体设计专业组	源	武昌职业学院	徐小龙、陈超、周雄伟	李帅帅

奖项	作品编号	大类（组）	作品名称	参赛学校	作者	指导教师
3	ZHEA6101423	软件与服务外包	迅捷打的	河北金融学院	陈迁、张永杰、王海燕	王洪涛、何志强
3	ZHEE1202273	软件开发	地面大气电场探测与闪电预警预报	河北金融学院	徐小雅、路亚彩、王玲云	王洪涛、魏晓光
3	ZHLA2201114	媒体设计普通组	水之韵	哈尔滨金融学院	王若男	王晓、王树鹏
3	ZJSE1102457	软件开发	心跃社主题网站	金肯职业技术学院	闫跃、李慧、刘旋哲	聂磊
3	ZJSE1302469	软件开发	城市轨道交通运营管理自主学习平台	苏州市职业大学	陈阳	许旻
3	ZJSE3102486	媒体设计专业组	final garden	苏州市职业大学	丁芳	李亚琴
3	ZJSE6102485	软件与服务外包	基于 IOS 的馋嘴网订餐系统	苏州市职业大学	陈星、王娅男、邱超	张苏
3	ZSCA1101574	软件开发	精品课程网站生成系统	宜宾职业技术学院	叶进、杨卫、吴禹	李朝荣
3	ZSCE3101849	媒体设计专业组	植物的本性	南充职业技术学院	江俊、李沛鑫	杨怀义
3	ZSCE3102265	媒体设计专业组	抉择	四川职业技术学院	张明宏、刘洲、柏毅	朱红燕、马红春
3	ZSCE3201782	媒体设计专业组	一滴水，一滴血，一生命	四川职业技术学院	王瑶、张蹈、屈雪芹	周蓉、朱红燕
3	ZSCE4201682	计算机音乐	计算机音乐中国风编曲	成都农业科技职业学院	张方宇	陈琳
3	ZXJE1102419	软件开发	基于动易 CMS 系统二次开发的稿件审核管理系统	新疆警察学院	马伟、谢黎辉、赵德玲	赵旭东、张杨
3	ZXJE4202374	计算机音乐	你的微笑	新疆应用职业技术学院	李杨	王铁兵
3	ZXJE6102353	软件与服务外包	校园随手拍	新疆农业职业技术学院	何伟、李慧元、张欢	李桂珍、党宏平
3	ZYNE3102255	媒体设计专业组	水象征着文明	云南能源职业技术学院	简雪峰	岳梦雯
3	ZYNE3102264	媒体设计专业组	水——音乐之"生"	云南能源职业技术学院	杨冰燕	岳梦雯

续表

奖项	作品编号	大类(组)	作品名称	参赛学校	作 者	指导教师
3	ZYNE3102282	媒体设计专业组	框内框外	云南国防工业职业技术学院	李新梅	徐文一
3	ZYNE3102330	媒体设计专业组	水是生命之源	玉溪农业职业技术学院	赵咨	杜鹃
3	ZYNE3202329	媒体设计专业组	健康在水中	玉溪农业职业技术学院	冯帅	李冬梅
3	ZYNE3402092	媒体设计专业组	滇池往昔	云南交通职业技术学院	田晓陈、李官文	赵一蓬、何孟娇
3	ZYNE3802215	媒体设计普通组	小鱼历险记	丽江师范高等专科学校	黄尧	杨继琼
3	ZYNE3802226	媒体设计普通组	小故事 大道理	丽江师范高等专科学校	张倩	李学花
3	ZYNE5102058	媒体设计民族文化组	苗族民族文化传习馆	文山学院	杜小军	普绍字
3	ZYNE5102177	媒体设计民族文化组	丽江古城与纳西族民居	丽江师范高等专科学校	沈吕美、王敏	李学花
3	ZYNE5102331	媒体设计民族文化组	苗绣	玉溪农业职业技术学院	蒋从维	杜鹃
3	ZYNE6502328	软件与服务外包	唐朝盛世	玉溪农业职业技术学院	李云奇	张开顺
3	ZZJE2102476	媒体设计普通组	生命沙漏	枣庄科技职业学院	赵汝琪	雷利香
参赛	BAHE2702116	媒体设计普通组	踏革命遗留足迹·用科技服务旧址	安徽农业大学	章凯、谢梦蓉	陈卫、孟浩
参赛	BFJA3300934	媒体设计专业组	龙族的怒火	三明学院	林剑、郭明亚、范雅婕	张帅、伍传敏
参赛	BLNA2301713	媒体设计普通组	水坝工游戏	大连工业大学	贾莹、薛茹嫣	张大海、张玉杰
参赛	BSHE2602063	媒体设计普通组	3D校园世界	上海海洋大学	王宇琛、陈义、徐宸飞轩	艾鸿
参赛	BSNA2202095	媒体设计专业组	忆长安	西安邮电大学	毋迪、王美、王玥莹	石云平
参赛	BTJE3202208	媒体设计专业组	《上古神话故事短片》动画制作	南开大学滨海学院	娇坤	孙萌
参赛	BXJE2202409	媒体设计专业组	Chanel	新疆艺术学院	李志鹏	杨梅、朱燃

8.3 2013年(第6届)中国大学生计算机设计大赛作品选登

1. ZSDA1100117 | 多彩校园网站

参赛学校：德州学院
参赛分类：软件开发 | 网站设计
获得奖项：一等奖
作　者：郭瑞凯、李永强、王玉锋
指导教师：王洪丰、郭长友

■— 作 品 简 介 —■

　　多彩校园是定位于德州学院大学生在线生活的网站,多彩校园主要功能包括智能打印、美食浏览、图书查询、二手交易、学院新闻、便民工具等,旨在让大学生体验省钱、便捷、一站式服务。

　　多彩校园的智能打印系统是通过生活实际,自主开发的一个打印系统,在宿舍就能通过打印社打印自己想要的东西,美食浏览里添加了 C2B 反向团购,让大学生来做主,达到省钱的目的。为了避免毕业季大部分资源的浪费,网页里加入了二手分类跳蚤市场,达到资源的重复利用,还加入了学校图书馆系统,告别学校图书馆系统的烦琐,方便使用者查询 8--。

　　面对全体德州学院大学生,我们相信学院生活不再是那么复杂,我们相信多彩能改变校园生活。

8-47

■— 安 装 说 明 —■

计算机端
运行平台：Windows、Linux 操作系统均可。
运行环境：PHP5＋MySQL＋Apache。
访问模式：B/S。
安装步骤：(1)导入数据库 dcxy. sql。(2)将网站代码放到 Web 服务器目录中。
(3)在. /inc/connect. php 里配置数据库信息。
计算机端访问地址：http://www. dcxy. tk。
网站后台管理地址：http://www. dcxy. tk/dcxy_admin/login. php。
手机端
把 app 代码上传到 Web 服务器目录中。
手机端访问地址：http://dcxy. tk/wap/index. php。

■— 演 示 效 果 —■

　　在线新闻(分类：学院新闻、教务通知、医务通知)可及时发布校内最新消息,并且可以 RSS 定制德州学院新闻网站的新闻,如图 8-1-1 所示。

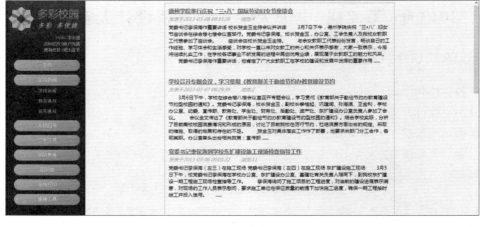

图　8-1-1

失物招领（分类：丢失物品、捡到物品），如图 8-1-2 所示。

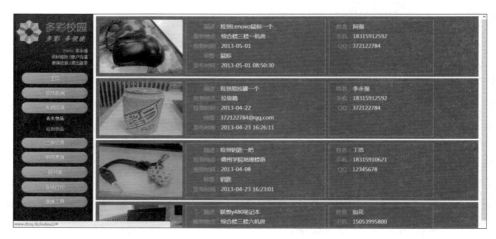

图　8-1-2

二手交易（分类：查看物品、发布物品），如图 8-1-3 所示。

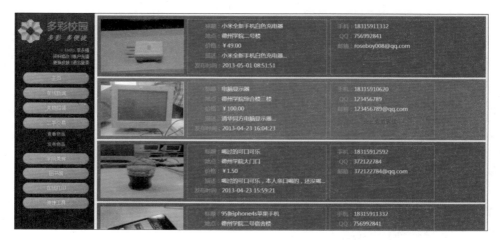

图　8-1-3

学院美食（分类：团购中、我想吃、餐厅有）。本页采用了当下流行的瀑布流设计，充分体现出网络购物的时尚感，如图 8-1-4 所示。

图　8-1-4

图书馆（分类：借换查询、我的账目、超期文献、利用统计、书名检索、作者检索、出版社检索）。本功能十分强大，完全兼容学院内的图书馆管理系统，让同学们足不出户了解图书情况，极大地节省了同学们的时间，如图 8-1-5 所示。

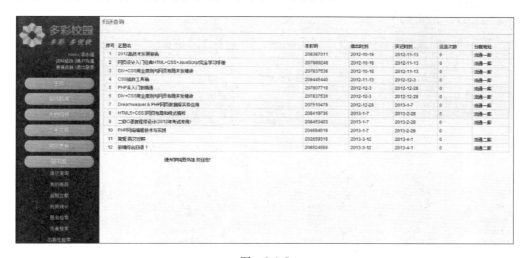

图　8-1-5

在线打印（分类：上传打印文档、已打印文档）。本功能可以让同学们在线把要打印的文档传到文印店，文印店商家可以在后台看到同学们要打印的文档，打印完成后会通知到打印的同学，省去了因繁忙打印而等待的苦恼。界面如图 8-1-6 所示。

便捷工具（分类：网址导航、快递查询、公交查询、列车时刻、更多小工具）。网址导航使用了最新的 Windows 8 风格，既美观又简洁明了，如图 8-1-7 所示。

多彩校园后台管理界面，如图 8-1-8 所示。

手机端展示如图 8-1-9 所示。

图　8-1-6

图　8-1-7

图　8-1-8

图 8-1-9

设 计 思 路

思路概括

（1）网站设计的功能应当适合在校大学生的日常生活，应当以多彩、便捷为向导。

（2）网站界面应当符合直观、大方、简洁的实用性网站要求。

（3）符合模块化程序设计要求，方便系统各个功能的修改、组合，同时又能便于未参与网站设计的人员在后期对网站进行补充和维护。

（4）应当具备完善的数据库管理系统，优化数据库系统，方便地进行添加、删除、修改等操作。

（5）尽量采用现有系统环境和熟练的语言，从而可以更加快速地开发，节省成本和时间。

需求分析和可行性报告

其设计内容模块以及功能如下。

（1）系统管理：用户注册，用户登录，修改密码，退出系统。

（2）用户管理：包括普通用户，商家用户等。

（3）在线新闻：浏览校内的即时新闻。

（4）失物招领：包括丢失物品和捡到物品两个方面。

（5）学院美食：是一个面向在校学生的反向团购系统，还有餐厅发布的食品信息。

（6）图书馆：是一个和图书馆同步的查询系统，可以查询图书信息。

（7）在线打印：可以快捷地将打印的文档发布到打印室的后台，自动扣费，方便快捷。

（8）便捷工具：里面有大量的生活实用小工具，十分方便快捷。

技术可行性

多彩校园网站采用 B/S 结构，使用当前流行的 PHP 语言开发，结合网络数据库来开发本系统，网站服务器采用 Linux 系统，Apache 服务器，编程语言采用 PHP，数据库使用 mysql。网站前台使用 CSS＋DIV 布局，并引用当前最流行的 JQuery 框架和多个 JQuery 插件，部分页面采用 HTML5 编写。无论是软件配置，硬件配置和知识储备都能符合要求，因此是绝对可行的。

总体设计：我们在需求分析阶段已经了解了应当具有哪些模块，接下来我们要把它变为更加利于开发设计的系统结构图，如图 8-1-10 所示。

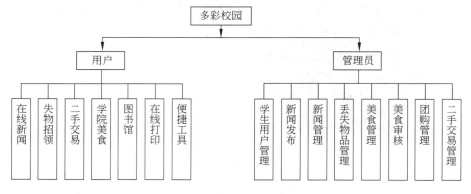

图 8-1-10

系统调试与测试

在设计系统的过程中，存在一些错误是必然的。对于语句的语法错误，在程序运行时会自动提示，并请求立即纠正，因此，这类错误比较容易发现和纠正。但另一类错误是在程序执行时由于不正确的操作或对某些数据计算公式的逻辑错误导致的错误结果，这类错误隐蔽性强，有时出现，有时又不出现，因此，对这一类错误的排查是耗时费力的。

与开发过程类似，测试过程也必须分步骤进行，每个步骤在逻辑上是前一个步骤的继续。大型软件系统通常由若干个子系统组成，每个子系统又由若干个模块组成。因此，大型软件系统的测试基本上由下述几个步骤组成：

（1）模块测试：在这个测试步骤中发现的往往是编码和详细设计的错误。

（2）系统测试：在这个测试步骤中发现的往往是软件设计中的错误，也可能发现需求说明中的错误。

（3）验收测试：在这个测试步骤中发现的往往是系统需求说明书中的错误。

多彩校园 Web 端菜单展示如图 8-1-11 和图 8-1-12 所示。

图 8-1-11

图 8-1-12

▰▰ 设计重点与难点 ▰▰

（1）网站服务器采用 Linux 系统，Apache 服务器，编程语言采用 PHP，数据库使用 mysql。

（2）本网站是完全由我们自主开发的集内容发布、C2B 团购和二手交易等功能于一体的多功能管理系统。

（3）网站前台使用 CSS＋DIV 布局，并引用当前最流行的 JQuery 框架和多个 JQuery 插件，部分页面采用 HTML5 编写。

（4）本网站支持换肤功能，由于时间仓促目前仅支持两套，后续会增加更多美观实用的皮肤。

（5）美食的部分页面采用了瀑布流布局，列数可根据浏览器窗口的大小自动适应，以使其能在不同分辨率的屏幕下展现出最美观的一面。

（6）美食投票页面使用了 AJAX 异步传输技术。

（7）便捷工具使用了 51DITU、百度应用、12306，以及快递 100 的 API 接口。

2. BBJC1100550 | 北大助手

参赛学校：北京大学
参赛分类：软件开发｜网站设计
获得奖项：一等奖
作　　者：王瑞馨、胥翔宇
指导教师：邓习峰

作 品 简 介

北大助手是我们团队开发的一个微信公共账号，关注之后可享受服务。作品网页介绍网址为 http://pkuhelper.duapp.com/，结合当下最新 Windows 8 系统 metro 界面设计。

作品设计的意义是，提供给学生一个方便利用手机查找相关学校资源、获取信息的软件。作品功能非常丰富，能给学生提供食堂推荐、讲座查询、新闻推送、讲堂演出通知、未名 BBS 热点关注、图书馆链接、天气地图、校花校草、缘图等多种服务。作品后台使用 php 语言，mysql 数据库，百度 bae 云平台。最关键的技术是爬虫技术，利用 php 语言抓取学校网页信息存至数据库。有一项功能还涉及 face++ 人脸识别技术。

作品特色在于利用百度 bae 云计算技术，可以编写代码，跨平台利用。作品最大的优势是结合微信公众平台并集优多种功能，给师生带来极大方便。

安 装 说 明

北大助手需要在智能手机上安装微信软件，并且申请微信账号，登录微信后找到北大助手，单击关注后就可以享受其服务。关注的三种方法：

（1）打开微信→单击右上角按钮→选择扫一扫→摄像头对准我们的二维码（见图 8-2-1）→单击关注。

（2）打开微信→朋友们→添加朋友→查找微信公众账号→输入北大助手→查找后选择有北大校徽的并且关注。

（3）打开微信→朋友们→添加朋友→搜号码→输入 gh_32dfcb567cfd→查找后单击关注。单击关注后就可以和北大助手交互了。

图　8-2-1

用户不仅可以在手机上使用北大助手，也可以在网页端使用北大助手。其方法是：打开微信→单击右上角按钮→选择登录网页版→打开计算机桌面浏览器→输入 wx.qq.com→单击手机微信的开始扫描→对准浏览器中的二维码→选择我确认登录微信网页版。这样就可以在浏览器中和北大助手交互了。

演 示 效 果

1. 主菜单效果图

在微信上关注"北大助手"公共账号之后，用户会收到功能主菜单，如图 8-2-2 所示。

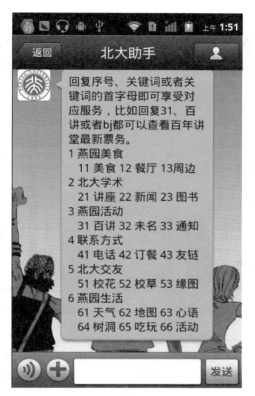

（a）

（b）

图 8-2-2

如主菜单所述，回复相应的序号或者关键词首字母即可收到相关信息推送。

2. 功能效果图

（1）"燕园美食"功能（子菜单：美食、餐厅、周边）。

想知道燕园食堂和单品推荐、食堂菜谱、周边餐厅，分别回复"11"、"12"、"13"会分别收到如图 8-2-3 推送的内容。

（a）

（b）

图　8-2-3

图 8-2-3 北大助手"美食"功能（微信网页版。接下来网页版考虑到简洁性故略去，界面风格个形式同以上两个网页版效果图）。

（2）"北大学术"功能（子菜单：讲座、新闻、图书）。

想知道最近学校举行哪些讲座，回复"21"，"22"获得实时更新的北大新闻，如图 8-2-4 所示；"23"得到图书馆链接和推荐书目。

（3）"燕园活动"功能（子菜单：百讲、未名、通知）。

本功能的信息都是实时更新的，保证了信息的及时性。例如：回复相应序号"32"，直击未名 BBS 热点。如图 8-2-5 所示。

图　8-2-4

图　8-2-5

（4）"联系方式"功能（子菜单：电话、订餐、友链）。

回复"41"，能收到非常全面的学校各机构的电话信息，优点之处在于，单击返回的电话号码可以直接进行拨打或者存储，省去了输入号码的过程，真正实现方便快捷。

回复"42"，即能收到北大附近常用订餐电话，让你足不出户尝遍周边美食。

想要一网打尽各种校内常用网址？回复"43"即可获得，如图 8-2-6 所示。

（5）"北大交友"功能（子菜单：校花、校草、缘图），如图 8-2-7 所示。

（6）"燕园生活"功能（子菜单：天气、地图、心语、树洞、吃玩、活动）。

回复"61"、"62"可分别收到实时更新的天气预报和高清北大地图。回复"63"即可收

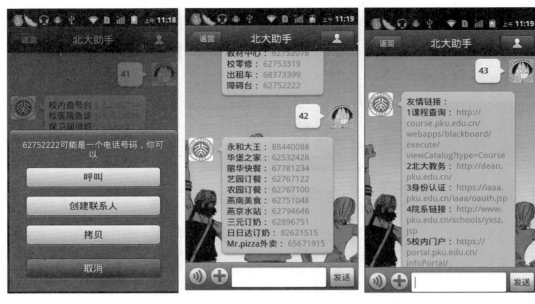

图　8-2-6

图　8-2-7

到随机推送的一句心语。

回复"64"可使用当下非常火爆的"树洞"功能。回复"65"即可根据自己的定位获得周边餐厅娱乐信息。回复"66"即可发布活动信息，进行用户间的交互，如图 8-2-8 所示。

3. 介绍网页效果图

《北大助手》介绍和宣传的网页，最新 Windows 8 系统的 metro 界面设计而成。网址为 http://pkuhelper.duapp.com/，如图 8-2-9 所示。

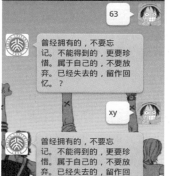

图　8-2-8

图　8-2-9

　　"天下近了,身边远了",这是互联网的胜利,也是互联网的忽略。随着微信的普及,《北大助手》在解决身边信息方面做出了有益且成功的尝试。在了解到微信在高校学生中广泛普及,成为生活中不可或缺的一部分时,同样身为微信控的我们萌生了以微信为平台,为同学提供食堂推荐、讲座新闻推送、天气图书查询、联系方式速递等集优多种功能的实用服务的创想。

　　我们的宗旨是:打造功能最强大的微信高校服务,为燕园里的师生带来切实方便。有了北大助手,北大信息一手掌握。

　　我们设计作品的思路如下:

　　(1) 申请微信公众平台账号和百度 bae 云平台账号。

　　(2) 在百度云平台上部署北大助手项目 pkuhelper。

　　(3) 安装 svn 软件,check out 出百度云平台上的 pkuhelper web 项目。

　　(4) 研究微信公众平台开发模式的开发文档说明。

　　(5) 调试微信公众平台和百度云平台的对接。

　　图 8-2-10 是我们的微信公众平台,http://pkuhelper.duapp.com/index.php 是我们百度云平台的地址,pkuhelperwrx 是百度云平台和腾讯公众平台的服务器消息传送的密钥。

图　8-2-10

　　(6) 详细设计北大助手的需求文档和身边的同学调查需求:希望得到好的食堂的推荐,希望有个平台可以查询到讲座、演出、新闻等信息。于是我们初步形成了我们的菜单。

　　(7) 需求指定好之后,详细设计后台开发需要的类。

　　(8) 设计后台网站的文件:其中 index. php 负责和用户交互,WebRequestUtil. php 负责抓取网页信息,WeatherInfo. php 负责抓取中国气象台的天气信息,StringUtil. php 负责对字符串进行处理,FacePPClient. php 负责进行人脸识别,DataBase. php 负责和数据库交互,CreateNews.php 负责生成北大新闻信息,CreateLectureInfo.php 负责生成讲座信息,CreateBbsNews.php 负责生成未名信息,contact.php 负责接收用户意见反馈。

（9）设计数据库的表格:user_info 表负责接收用户的信息、bbs_news 表负责存储 bbs 的新闻信息、beauty_girls 表负责存储北大校花信息、canteen 表负责存储北大食堂信息等。

在百度云平台设计的表格如图 8-2-11 所示。

图　8-2-11

（10）学习如何将信息插入到数据库中。

（11）开发北大助手需求文档指定的功能。

（12）《北大助手》作品运行原理:用户使用微信给北大助手发送信息,信息会先发送到微信的服务器上,微信服务器会转发到我们在百度云平台上的服务器,服务器接收到信息后判断用户发送的指令,找到相应的函数进行执行,然后返回给微信服务器信息,微信服务器把信息再返回给用户,用户就得到了相应的服务。

（13）制作《北大助手》介绍和宣传的网页,最新 Windows 8 系统的 metro 界面设计而成。网址为 http://pkuhelper.duapp.com/。

（14）进行软件的测试,我们让试用者安装好进行《北大助手》的测试,对发现的 bug 进行了修改。

我们的作品具有社会化、地理化以及移动化特征,并很好地集成了"微信平台"、"百度云"等成熟资源,不但保障进度,更能提高质量以及用户场景问题。

设计重点与难点

1. 重点难点

设计重点在于如何更大范围地满足师生的需求,团队花费了很长的时间调查北大师生的需求,例如,经常发现同学下课了想不好去哪个餐厅吃饭的问题,我们做了"美食"的功能,给同学们推荐北大食堂口碑较好的饭菜。又如,师生可能比较关心的每天的天气,我们做了燕园实时的天气和天气的预报,这些数据都是来自于中国气象台的准确数据。

我们认为做一款软件最重要的是符合面向的用户的需求,这也是我们设计的重点。

设计难点在于:如何抓取北大校园网上的数据,把这些数据存入到百度云平台上的数据库中。我们利用 php 语言提供的 curl 函数进行对校园网的数据的抓取,利用 bae 提供的 mysql 数据库存储抓取的信息。其中遇到很多问题,例如字符集的问题,软件运行的时候,用户得到的返回字符是乱码,还有把数据写入到数据库中的 sql 语言的设计等。此外,如何高效地把诸多功能整合集优在一起而不显得累赘冗长也是作品设计的难点。

2. 关键技术

北大助手的后台使用 php 语言,mysql 数据库,百度云平台,其中最关键的技术是爬虫技术,利用 php 语言抓取学校网页上的信息,然后存到数据库中。还有一些 face++ 的人脸识别技术,在"缘图"的功能设计中需要得出用户拍照的性别。

3. 作品特色与优势

作品最大的特色在于结合微信的公众平台,可以写一种代码,跨平台利用,利用百度 bae 的云计算技术,并且需求符合北大学生们的想法,给学校的师生带来了方便。作品的介绍网址 http://pkuhelper.duapp.com/结合当下最新 Windows 8 系统的 metro 界面设计而成。

作品优势在于功能强大实用,能给学生提供食堂推荐、讲座查询、新闻推送、讲堂演出通知、未名 bbs 热点关注、图书馆链接、校园机构和订餐常用电话速查、院系链接、天气地图、校花校草、缘图心语、北大树洞、旅游推荐等多种实用有趣的服务。

与类似主题的作品如"颐和园 5 号"、"武大助手"相比。安装前者需要单独安装这个应用,而我们的应用借助了微信平台,直接在微信平台上关注即可,非常方便。与后者相比,我们的内容更加贴近校园学习和生活,能把真正实用的信息提供给学生们。与上届计算机大赛作品"移动北大"的静态新闻相比,我们做到了讲座、票务、演出、新闻等信息的实时同步更新,在信息的及时性、多样性方面具备更强的竞争力。

3. BHND1200943 | 精简版机械设计手册(涵盖范围: 部分内容)

参赛学校：湖南大学

参赛分类：软件开发 | 数据库应用

获得奖项：一等奖

作　　者：章鸿滨、李奕冀、肖亚彬

指导教师：谌霖霖、周虎

■■■— 作 品 简 介 —■■ ■■■■■■■■■■■■

　　精简版机械设计手册包括了机械设计人员常用的零部件的选型、设计及相关的技术参数，操作简单方便。仅需根据提示操作，顺序输入已知设计条件，系统自动处理即可得到设计结果及相关信息。

　　操作界面友好，查询速度快，安装简便，方便专业和非专业人员使用，节省大量设计计算和查询时间。

　　精简版机械设计手册将大量的表格存在后台数据库，供设计时查询。机械设计过程中只需将已知的设计条件作为输入参数，然后根据提示逐步操作，无需考虑计算和数据处理，即可完成一次设计过程，所有计算及数据处理全部由系统后台自动实现。依据机械设计传统遵循的思路，将精简版机械设计手册的界面开发与实际设计过程无缝地衔接在一起，进行系统操作时，就是一次实际的设计过程，但是省去烦琐的查询和计算，极大程度地提高设计效率。

8-63

■■■— 安 装 说 明 —■■ ■■■■■■■■■■■■

　　1. 安装环境

　　微软 Windows 7

　　硬件要求：内存最低：256MB 硬盘 40GB 以上。

　　2. 安装步骤详解(注：可参看安装视频)

　　(1) 打开安装包，双击 setup，进入安装界面。

　　(2) 单击"确定"按钮，确定进入安装。

　　(3) 根据个人需要选择安装目录，然后单击"安装图标"进入下一步的安装。

　　(4) 根据个人需要选择程序组，不清楚就按默认的安装。单击"继续"按钮，进入下一步。

　　(5) 系统自动安装程序需要的部件和相关材料，整个过程只需单击确定即可完成安装。

　　若出现如下"版本冲突"的界面，单击"是"按钮还是"否"按钮都可以完成安装，如图 8-3-1 所示。

　　至此，整个安装过程就结束了，大致耗时三分钟。

图　8-3-1

1. 在开始菜单中打开机械设计手册后，首先弹出的是软件简介界面，如图 8-3-2 所示，描述的是软件的特色，单击窗体就进入了主界面，如图 8-3-3 所示。

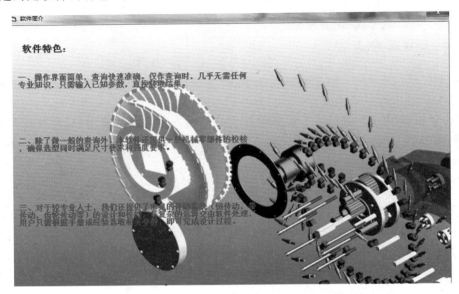

图　8-3-2

2. 主界面

主界面如图 8-3-3 所示。

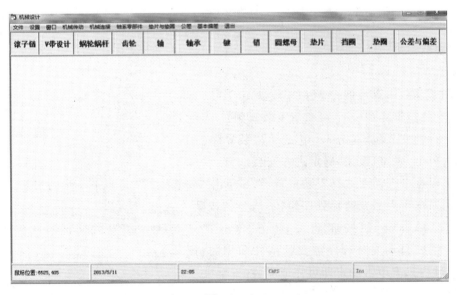

图　8-3-3

3. 菜单栏和工具栏的介绍

（1）菜单栏（只有两级），如图 8-3-4 所示。

（2）工具栏（内容比较具体，提供相关设计的基础知识），如图 8-3-5 所示。

机械设计

文件　设置　窗口　机械传动　机械连接　轴系零部件　垫片与垫圈　公差　基本偏差　退出

| 滚子链 | V带设 | | 轮 | 轴 | 轴承 | 键 |

滚子链传动
V带传动
直齿圆柱齿轮
斜齿圆柱齿轮
锥齿轮
蜗轮蜗杆

文件　设置　窗口　机械传动　机械连接　轴系零部件　垫片与垫圈　公差　基本偏差　退出

| 滚子链 | V带设计 | 蜗轮蜗杆 | | 承 | 键 |

轴
深沟球轴承
调心球轴承
调心滚子轴承
圆柱滚子轴承
单列角接触球轴承
单列圆锥滚子轴承
孔用弹性挡圈
轴用弹性挡圈
圆螺母
小圆螺母
圆螺母止动垫圈

文件　设置　窗口　机械传动　机械连接　轴系零部件　垫片与垫圈　公差　基本偏差　退出

| 滚子链 | V带设计 | 蜗轮蜗杆 | 齿轮 | | 键 |

普通平垫
铆轴用平垫
高强度平垫
单耳止动垫圈
双耳止动垫圈
外舌止动垫圈
标准弹性垫圈
轻型弹性垫圈
重型弹性垫圈
波形弹性垫圈
内齿轮锁紧垫圈
内锯齿锁紧垫圈
外齿锁紧垫圈
外锯齿锁紧垫圈
锥形锁紧垫圈
锥形锯齿锁紧垫圈

图　　8-3-4

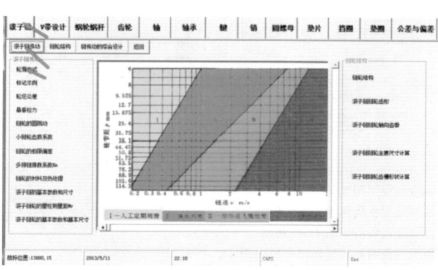

图　　8-3-5

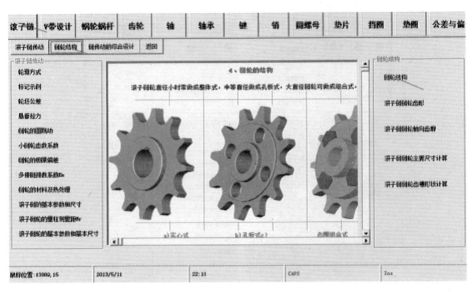

图 8-3-5（续）

4．查询和设计（具体构成参看操作说明）

（1）链传动的综合设计如图 8-3-6 所示。

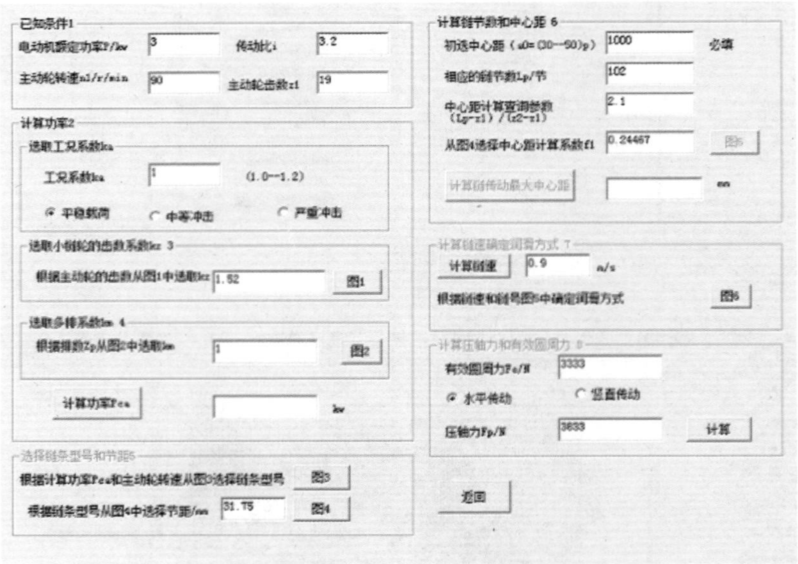

图 8-3-6

（2）涡轮涡杆如图 8-3-7 所示。

（3）轴的强度校核如图 8-3-8 所示。

（4）查询公差数值如图 8-3-9 所示。

（5）轴承的查询和校核如图 8-3-10 所示。

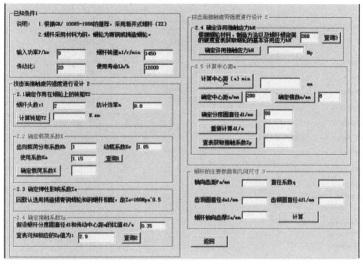

图 8-3-7

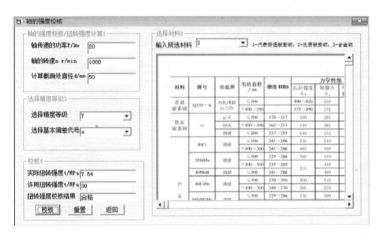

图 8-3-8

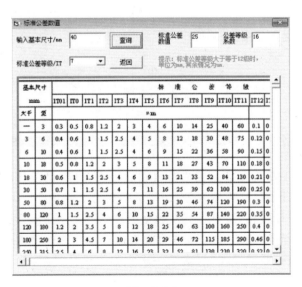

图 8-3-9

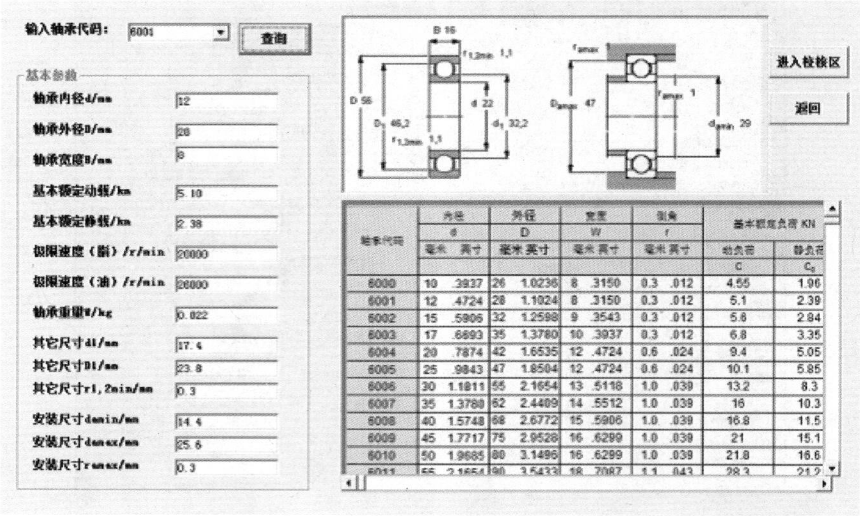

(a)

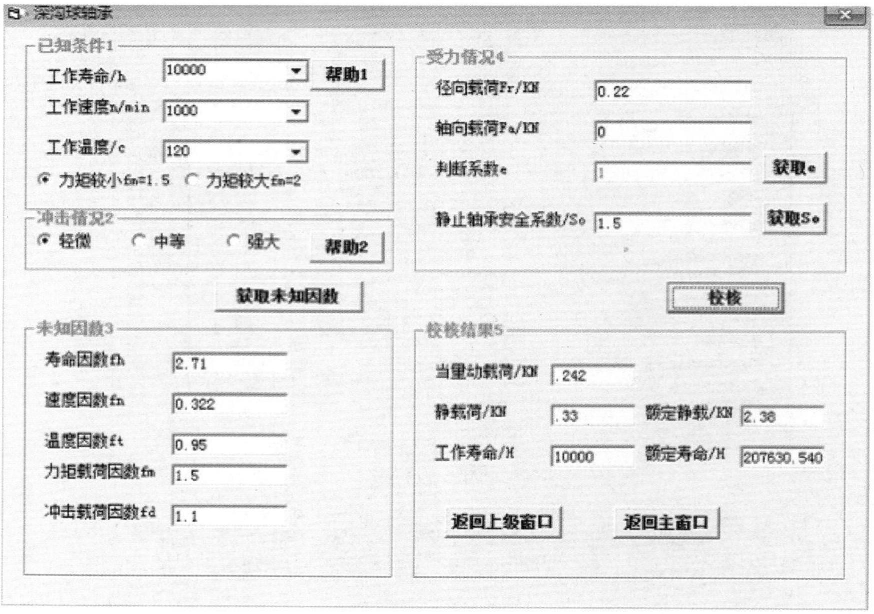

(b)

图　8-3-10

━━■━━ 设 计 思 路 ━━■━━

　　精简版机械设计手册将大量的表格存放在后台数据库,供设计时查询。机械设计过程中只需将已知的设计条件作为输入参数,然后根据提示逐步操作,无须考虑计算和数据处理,即可完成一次设计过程,所有计算及数据处理全部由系统后台自动实现。

　　依据机械设计传统遵循的思路,将精简版机械设计手册的界面开发与实际设计过程无缝地衔接在一起,进行系统操作时,就是一次实际的设计过程,但是省去烦琐的查询和计算,极大程度地提高了设计效率。

设计重点

尽量将机械设计过程规范化,使用户在正确的设计思路引导下,一步步完成设计。同时提供快速准确的查询,极大地提高设计的效率。

设计难点

1. 大量数据需要准确无误地录入数据库中,供程序运行过程中查询和调用。

2. 需要将工程中查询的表格规范化,因为它们常常是表中有表,相互重叠,不能直接进行数据查询。

3. 传统的机械设计涉及许多变量,在进行设计时要正确区分哪些是用户设计时的已知量哪些是未知量,并且将整个设计过程清楚地在软件上表现出来,使用户一目了然。

4. 在用户未知的极端的输入情况下,需要有一定的容错功能。

4. BLNE1301741 | 图形的拼组

参赛学校：沈阳师范大学
参赛分类：软件开发 | 教学课件
获得奖项：二等奖
作　　者：王桓、关雅洁、张嚣
指导教师：白喆、国玉霞

■—— 作 品 简 介 ——■

本课件介绍了简单图形正方形、长方形、正方体、立方体等图形的特点和性质，让同学们明白不同的图形可以相互拼组，转化成新的图形，让学生会用七巧板拼出不同形状的事物。

通过操作活动，使学生体会所学平面图形的特征和平面图形的关系，并能用自己的语言描述长方形、正方形边的特征。让学生在具体的情境中去思考、想象再创造，培养学生的创新意识，激发学生的学习兴趣。

本课件作品结构严谨，层次清晰，内容便于理解，适合小学一年级学生的理解；课件界面清晰整洁，方便操作，并配有动画演示对知识点进行讲解，具有强大的交互功能，让作品寓教于乐。

■—— 安 装 说 明 ——■

本课件不需要特意的安装环境，但是由于大部分的功能是利用 flash 软件制作，渲染后形成的 swf 文件需要一定的播放器才能正常使用。例如 QQ 影音、快播等。如果没有相应的播放器，可以直接打开图形的拼组.exe 文件来使用。如果需要打开源文件，必须有 flash 软件，对于课件中利用其他软件制作的元件，例如正方体，必须安装 maya 软件。

■—— 演 示 效 果 ——■

演示效果如图 8-4-1～图 8-4-4 所示。

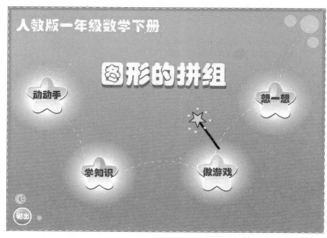

图　8-4-1

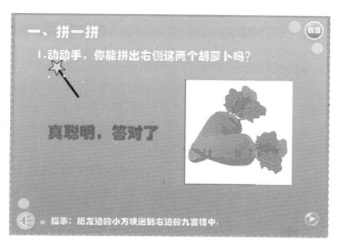

图　8-4-2

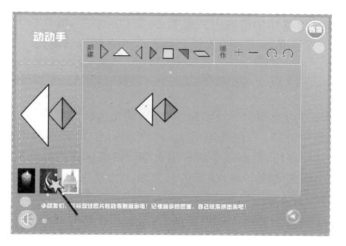

8-71

图　8-4-3

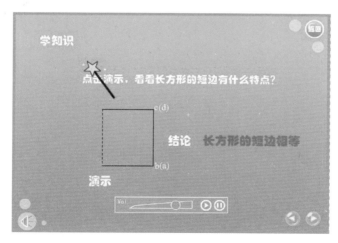

图　8-4-4

　　本课件的目的是辅助教师教学,因为教学对象是小学生,从心理学的角度出发。小学生的注意力不稳定、不持久,且常与兴趣密切相关。生动、具体、新颖的事物,较易引起他们的兴趣和注意,而对于比较抽象的概念、定理,他们则不感兴趣,因而不易长时间地集中注意力。因此在整个页面风格设计上,我们采用了简单清晰的设计理念,避免因为过多的繁杂元素使学生分心。

　　这部分内容是在上学期"认识物体和图形"的基础上教学的,通过上学期的学习,学生已经能够辩论和区分所学的平面图形和立体图形,这里主要是通过一些操作活动,让学生初步体会长方形、正方形的一些特征,并感知平面图形间的立体图形间以及平面图形与立体图形间的一些关系。为了有效完成这一教学目标,在课件的内容表达上,我们采用了循序渐进的方式,并且运用大量的动态元素来激发学生的学习兴趣。

　　通过这个课件,我们希望可以打破常规教学中平白直述的教学手段。通过课件中大量的互动元素,让学生在具体的情境中去思考、想象和再创造,培养学生的创新意识,激发学生的学习兴趣。让学生的学习效率和教师的教学效率都得到提高。

　　1. 拼图:将图片平均分割为 9 块小拼图,分别转化为影片剪辑,并对实例名称进行命名。将原图转换为影片剪辑,并将其透明度调为 50%,在其上绘制出拼图区域的边框。为每块小拼图添加鼠标事件,判断该小块拼图在哪个拼图区域的自动吸附范围内,并记录拼图区域所摆放的小拼图实例名称,最后进行判断。如果每个拼图区域内的小拼图都一一对应,则显示"真聪明,答对了"。

　　2. 七巧板:每个新建七巧板的按钮单击后,复制库中已有的对应元件到舞台上,并为其添加公共的鼠标事件进行拖曳操作,公共的鼠标事件会记录当前所拖曳的七巧板实例名称。操作按钮就是通过所记录的实例名称实现缩放和旋转的功能。

5. BCQE1401837　基于 Android 平台的手机遥控小车巡回温度检测系统

参赛学校： 重庆三峡学院
参赛分类： 软件开发 | 虚拟实验平台
获得奖项： 一等奖
作　　者： 刘伟、夏武
指导教师： 蒋万君

━━ 作 品 简 介 ━━

1. 设计目标与意义：工业生产现场，往往在强辐射、高温度或重污染的环境下，不适合工作人员身场临现检测温度，那么利用手机遥控小车进行现场温检测具有一定的实用价值。作品《基于 Android 平台的手机遥控小车巡回温度检测系统》以智能手机的蓝牙功能和 AT89S52 单片机为硬件支撑，以 Android 操作系统为软件平台实现了遥控电动小车到达指定位置对现场温度进行检测，可将现场温度数据实时传送到手机，检测频度可任意设定，温度超过设定上限则报警。

2. 关键技术：①蓝牙通信；②电动小车的驱动；③现场温度的采集。

3. 作品基本技术指标：①手机遥控半径≤10 米；②温度检测范围是 $0℃\sim99℃$；③温度检测分辨率为 $0.1℃$。

━━ 安 装 说 明 ━━

首先将开发生成的 BTCar.apk 文件复制至手机，在手机中找到该文件，直接单击出现安装界面，如图 8-5-1 所示；然后单击安装，完成后单击打开，如图 8-5-2 所示。

图　8-5-1

图　8-5-2

演示效果如图 8-5-3～图 8-5-5 所示。

图 8-5-3

图 8-5-4

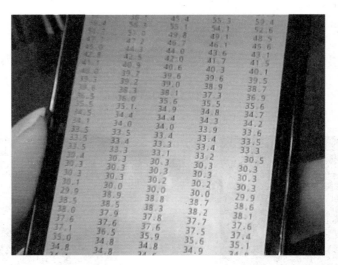

图 8-5-5

■━━━ 设 计 思 路 ━━━■■━━━━━━━━━━━━━━━━━━━━━

1. 总体设计思路如图 8-5-6 所示。

2. 主板硬件模块如图 8-5-7 所示。

① 电源(3.3V 提供给蓝牙模块,5V 提供给单片机);

② 现场温度采集电路 DS18B20;

③ 蓝牙模块 HC-6 与单片机数据通信电路;

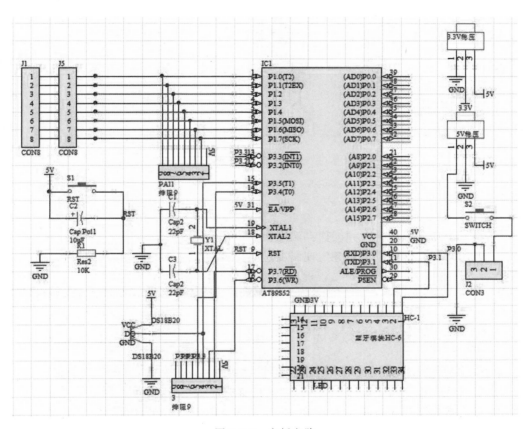

图 8-5-6　总体设计思路图

图 8-5-7　主板电路

④ 电动小车驱动电路如图 8-5-8 所示。

3．单片机软件模块：

① 单片机与蓝牙模块的数据通信；

② 单片机对手机所发命令的处理；

③ 单片机对直流电机转向的控制；

④ 单片机对温度的采集与发送。

4．手机软件模块：

① 基于 Android 操作系统应用软件对手机蓝牙的控制；

② 手机与蓝牙模块的配对；

③ 手机与蓝牙模块的数据通信；

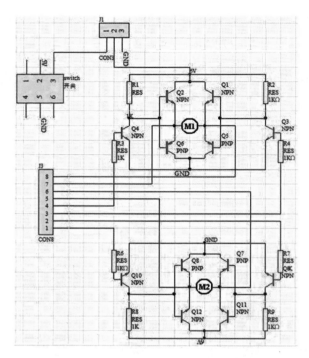

图 8-5-8　电动小车驱动电路

④ 重力感应的编程；

⑤ 根据设定的温度采样频度保存温度数据；

⑥ 调用系统自带的声音服务实现温度过限报警。

■ 设计重点与难点 ■

设计重点

1．手机软件的编程

① 蓝牙适配注册，搜索手机周围开启的蓝牙设备，并存取已经收到的设备信息；

② 手机蓝牙模块与主板蓝牙模块 HC-6 的连接与通信；

③ 重力感应器获取当前手机坐标(x,y,z)，该坐标由手机在空间的取向决定，根据其坐标实现对小车运动方向的控制；

④ 从小车传送到手机的温度值与预设温度上限比较，超过上限警报。

2．单片机固件的编程

① 温度采集：温度传感器 DS18B20 与单片机采用单总线协议，按协议编程采样温度；

② 单片机与蓝牙模块通信的编程；

③ 电动小车驱动程序。

设计难点

系统正常运行时蓝牙模块、单片机、温度传感器和小车驱动电路应同时工作，其中任何一个模块出问题都会影响到系统运行。所以系统整体统调是困扰作者的最大难点，如阻抗不匹配，手机无法搜索到蓝牙模块或搜索到后无法配对，配对后接收不到数据等。这些问题通过多级中断的优先次序调整，反复调试才得以解决。

参赛学校：广东外语外贸大学
参赛分类：软件开发 | 科学计算（实现类）
获得奖项：一等奖
作　　者：黄晓旋、杨志成、司徒达彤
指导教师：马文华

■■■— 作 品 简 介 —■■

　　光干涉测量技术在工程和科学领域占据举足轻重的地位,其中,以迈克尔逊干涉仪为核心器件的测量技术应用非常广泛,对干涉条纹的智能化处理是目前光干涉测量技术的重要发展方向。本研究利用面阵 CCD 采集迈克尔逊干涉条纹图像,采用图像相减、图像滤波、灰度拉伸、边缘检测、二值化、图像膨胀和细化等方法对采集图像预处理,设计有效区域自动搜索算法自动确定有效区域中心,提出检测梯度方向角变化的方法对干涉条纹进行计数;为方便用户使用,将该测控系统接入互联网和移动互联网,用户可以通过 PC 和智能移动设备随时随地控制测量系统的工作和获得测量结果。为验证计数器的有效性,设计实现了激光波长测量、空气折射率测量等几种实际应用系统。

　　实验操作和测量结果表明,所设计的远程测控系统测量结果准确、工作稳定、可靠,满足了实际应用的需求。

■■■— 安 装 说 明 —■■

　　本作品包括一个计算机服务端软件、一个计算机客户端软件和一个安卓手机客户端。
计算机服务器安装:
步骤一:双击安装文件。
步骤二:出现安装欢迎界面和安装指示,单击"下一步"按钮。
步骤三:进入"许可协议"界面,选择"我同意该许可协议的条款"后单击"下一步"按钮。
步骤四:进入"用户信息"界面,可输入用户"名称"和"公司",直接单击"下一步"按钮。
步骤五:进入"安装目录选择"界面,单击"更改"按钮,选择安装的目录,单击"下一步"按钮。
步骤六:进入"快捷方式设置"界面,默认选择为"只对当前用户安装快捷方式"或者选择"使快捷方式对所有用户都可用",单击"下一步"按钮。
步骤七:进入"准备安装"界面,确定信息后单击"下一步"按钮。
步骤八:等待安装完成。
步骤九:完成安装,单击"完成"按钮。
计算机客户端安装:
步骤一:双击安装文件。
步骤二:出现"安装欢迎"界面和安装指示,单击"下一步"按钮。
步骤三:进入"许可协议"界面,选择"我同意该许可协议的条款"后单击"下一步"按钮。
步骤四:进入"用户信息"界面,可输入用户"名称"和"公司",直接单击"下一步"按钮。
步骤五:进入"安装目录选择"界面,单击"更改"按钮,选择安装的目录,单击"下一步"按钮。
步骤六:进入"快捷方式设置"界面,默认选择"只对当前用户安装快捷方式"或者选择"使快捷方式对所有用户都可用",单击"下一步"按钮。

步骤七：进入"准备安装"界面，确定信息后单击"下一步"按钮。

步骤八：等待安装完成。

手机安装客户端：

步骤一：把下面的 apk 复制到手机上。

setupClient4ph
one.apk

步骤二：在手机中找到安装包 setupClient4phone.apk，选中安装包，如图 8-6-1 所示。

步骤三：进入"安装"界面，单击"安装"按钮，如图 8-6-2 所示。

图　8-6-1

图　8-6-2

步骤四：等待安装结束，单击"完成"按钮，如图 8-6-3 所示。

步骤五：找到所安装的客户端 ControlPCV4，如图 8-6-4 所示。

图　8-6-3

图　8-6-4

完成安装。

1. 本干涉条纹自动计数软件包括一个计算机服务端、计算机客户端和手机客户端。三者启动界面分别如图 8-6-5~图 8-6-7 所示。

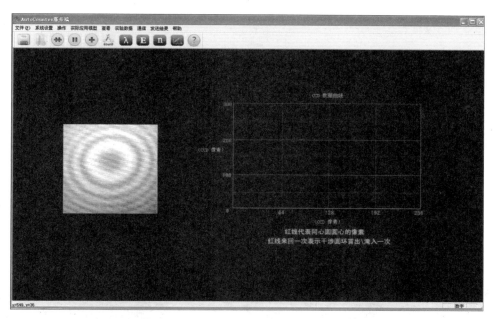

图　8-6-5

图　8-6-6　　　　　　　　　　　　　　　　　　图　8-6-7

2. 自动计数软件具体运行效果

（1）计算机服务端：

它主要实现了数据采集、实际应用模型、通信、发送文件等功能。其中包括文件的打开、保存和退出等；系统设置；数据采集的相关操作；实际应用模型如空气折射率测量、激光波长测量和金属丝模量；本地 IP 查看；实验数据查看；通信；发送文件；系统使用帮助。软件启动界面如图 8-6-8 所示，选择不同菜单项并进行相关操作，最终显示实验结果，其功能实现效果具体如下：

① 首帧采集，第一帧图像并显示在软件界面上（如图 8-6-8 所示）。

② 图像处理功能是对采集的图像进行相关的图像处理（处理前后变化如图 8-6-8，图 8-6-9 所示）。

图 8-6-8　图像处理前

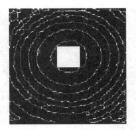

图 8-6-9　图像处理后

③ 连续采集是个动态变化过程，将在界面上显示连续采集时的即时图像同时显示相应的数据曲线（效果如图 8-6-10 所示）。

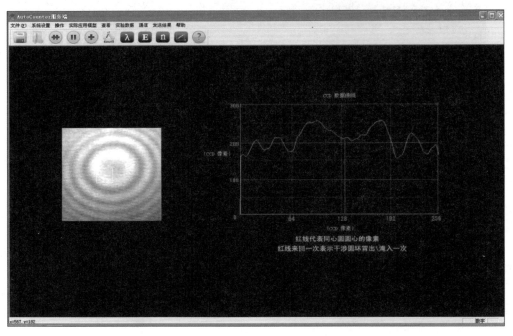

图　8-6-10

④ 系统调试将在连续采集的状态下对环数进行自动计算，并显示连续采集图像和相关数据曲线（如图 8-6-11 所示）。

⑤ 选择"实际应用模型"将显示出三种实际应用模型和步进电机设置的选项以供选择：空气折射率测量、激光波长测量、金属丝模量、步进电机设置。

⑥ 选择空气折射率测量，其运行界面以及效果如图 8-6-12 所示。

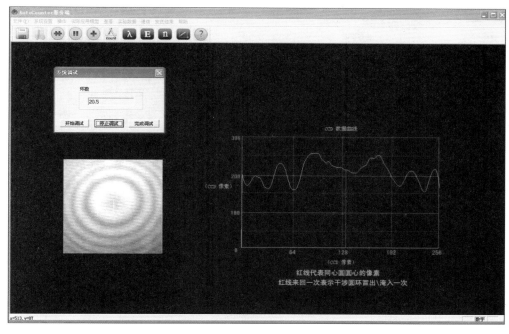

图　8-6-11

⑦ 选择"实际应用模型"中的"激光波长测量",则会出现"激光波长测量"界面,其运行效果如图 8-6-13 所示。

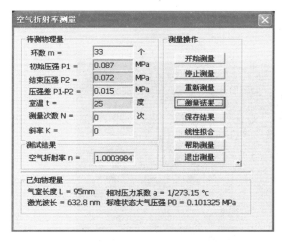

图　8-6-12

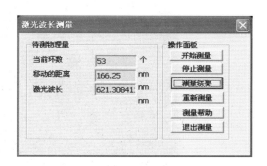

图　8-6-13

⑧ 选择"实际应用模型"中的"金属丝模量",则会出现"金属丝模量"界面,其运行界面以及运行结果如图 8-6-14 所示。

⑨ 选择"实际应用模型"中的"步进电机设置",则会出现"步进电机设置"界面,其运行界面以及运行效果如图 8-6-15 所示。

⑩ 选择"查看"即显示"查看本机 IP"选项,其运行效果如图 8-6-16 所示。

⑪ 选择菜单栏中的"实验数据"将出现相关的实验数据选项:"空气折射率数据表"和"拟合曲线显示",其运行效果图如图 8-6-17、图 8-6-18 所示。

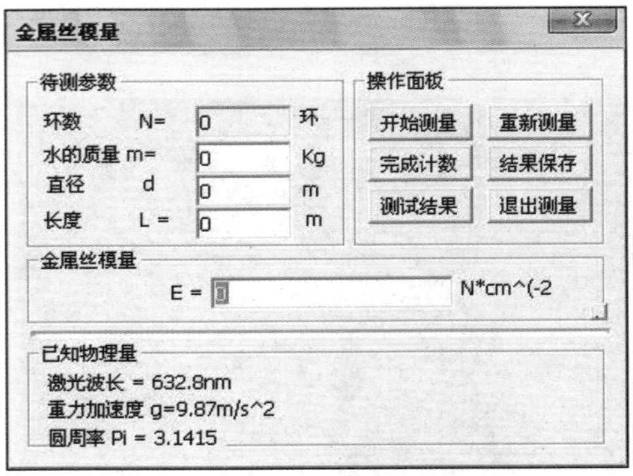

图 8-6-14

图 8-6-15

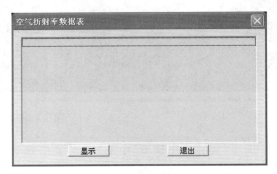

图 8-6-16

图 8-6-17 空气折射率数据表

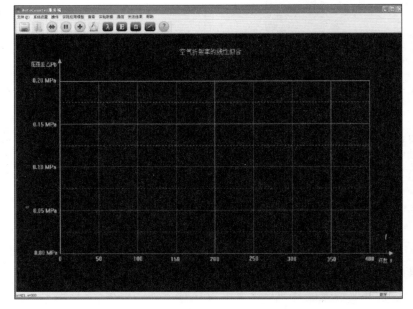

图 8-6-18 拟合曲线显示

⑫ 选择菜单栏中的"通信"则出现"通信连接"选项,其运行效果如图 8-6-19～图 8-6-22 所示,图 8-6-19 是通信功能界面图,图 8-6-20 是单击启动服务后软件允许计算机客户端或者手机客户端连接服务端,图 8-6-21 是连接成功的,图 8-6-22 是手机远程发送控制服

务端工作命令。

图　8-6-19

图　8-6-20

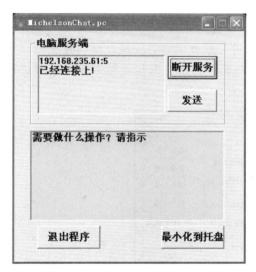

图　8-6-21

图　8-6-22

⑬ 选择菜单栏的"发送结果"选项将出现"发送"和"接收"选项,其运行效果如图 8-6-23 所示。

（2）计算机客户端：计算机客户端主要实现即时通信、远程测控和文件发送的功能。其中包括服务端 IP 和端口的输入;连接;发送;获取本地 IP 地址;通信内容的输入;发送文件;接收文件;相关的远程测控功能如首帧采集、图像处理、获取坐标、连续采集等相关操作;最小化到托盘;退出应用程序。其运行效果如下:

图　8-6-23

① 启动界面如图 8-6-24 所示。

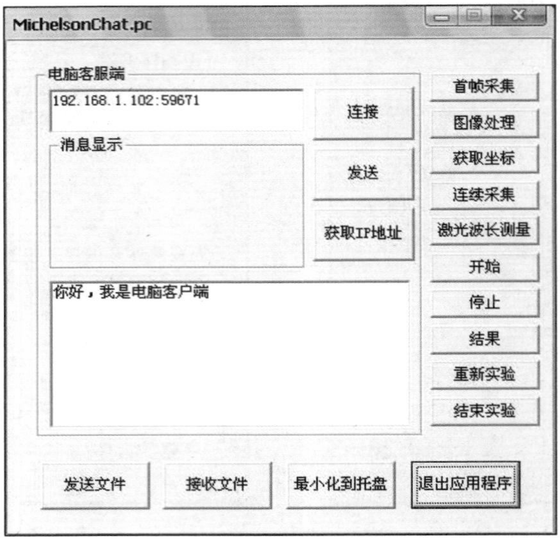

图　8-6-24

② 使用计算机客户端时首先要与计算机服务端建立连接。在 IP 和端口输入端中输入相应的服务端 IP 和端口并单击"连接"按钮,即可与服务端建立连接。成功连接后在通信输入编辑框内输入通信内容并单击"发送"按钮,即可将内容发送至服务端。同时也可接收服务端发送过来的信息,如图 8-6-25 所示。

图　8-6-25

③ 计算机客户端在与服务端建立连接后,还可通过操作界面上的相关实验操作按钮如手震采集、图像处理、获取坐标、连续采集、激光波长测量、开始、停止、结果、重新实验和结束实验来对服务端进行远程测控,以完成一次完整的实验。最终通过单击"结果"按钮,从服务端自动获取实验结果。

④ 单击"发送文件"按钮,则可实现文件的发送功能,其功能和使用方法与计算机

服务端的发送文件功能一致。单击"接收文件",将弹出"文件接收"界面。服务端的文件接收功能与此一致。如图 8-6-26 所示,单击"接收文件"的效果图。图 8-6-27 表示接收成功。

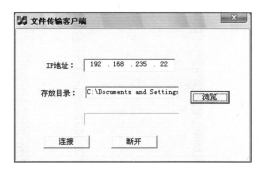

图　8-6-26

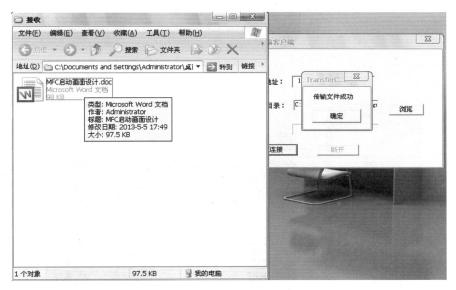

图　8-6-27

（3）手机客户端:手机客户端主要包括安全登录、即时通信和远程测控功能。其中包括安全登录;服务端 IP 和端口的输入;连接;发送;获取本地 IP 地址;通信内容的输入;发送文件;接收文件;相关的远程测控功能如首帧采集、图像处理、获取坐标、连续采集等相关操作。其功能实现效果如下:

① 启动界面为安全登录界面,如图 8-6-28 所示。

② 手机客户端实现的功能基本与计算机客户端一致。首先需要与计算机服务端建立连接。如图 8-6-29 所示,在 IP 输入框中输入服务器端的 IP 后单击"开始连接"按钮后,若成功连接,界面中的显示文本框将显示"已经连接服务器!"并且"开始连接"按钮变为"停止连接"按钮,如图 8-6-30 所示。

③ 建立连接后,手机客户端可以通过界面上的相关操作按钮如首帧采集、图像处理、获取坐标、连续采集来远程操控计算机服务端实现相关的数据采集工作,并可通过相应的实际应用模型的操作按钮如激光波长测量、开始、停止、结果、重测、结束,来远程操控计算

机服务端进行相应的实际实验操作。图 8-6-31 为手机客户端与计算机服务器端远程测控的对应图。

图 8-6-28 "安全登录"界面

图　8-6-29

图　8-6-30

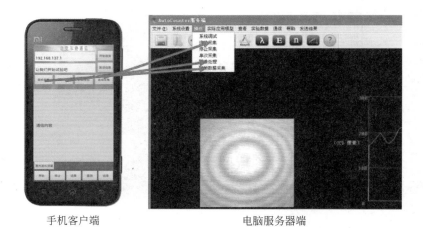
手机客户端　　　　　　　　　　电脑服务器端
图　8-6-31

设计思路

1. 课题研究的背景及意义

随着科学技术的进步，光干涉测量技术在微电子、微机械、微光学和现代工业等领域已经得到广泛的应用。光干涉测量技术多种多样，其中最常用的技术是迈克尔逊干涉测量技术。到目前为止，基于迈克尔逊干涉仪的应用非常多，如测量长度[1]、线胀系数[2]、火焰温度场[3]、激光波长[4]等。不管将其应用于哪个方面，其关键都是要准确地计算出干涉条纹"冒出"或"陷入"的环数，通过对环的计数实现对纳米级微小距离的测量。在实际使用中多数采用人工计数法，即用肉眼直接观察成像到屏幕上的干涉条纹变化情况，通过手动旋动微动滚轮，同时紧盯着屏幕，每变化一个环，便人工记录一次，每次测量需数出"冒

出"或"陷入"的干涉条纹。这种计数方法的优点是计数简单,但存在如下缺点:

（1）极易造成眼睛疲劳而影响读数的准确性。

（2）测量出错后只能重新测量造成时间的浪费。

（3）激光对人眼的伤害很大。

针对这些缺点,研究人员提出关于条纹自动计数器的诸多方案,这些方案各有优点,但也存在不足。其中有通过光电检测元件将干涉条纹的变化转变为电信号的变化[5~8],然后通过对此电信号的处理,最终完成干涉条纹的自动计数。工作框图如图 8-6-32 所示。这种方法的优点是可以较为准确地观察到条纹的变化,避免眼睛疲劳带来的误差;但缺点也很明显,该方法对器件的摆放要求苛刻,且随着测量的进行,条纹的厚度也将出现变化,这就要求随着测量不断地调整器件位置如图 8-6-33、图 8-6-34 所示,这在实际操作中是不可行的。

图 8-6-32　干涉条纹计数工作框图

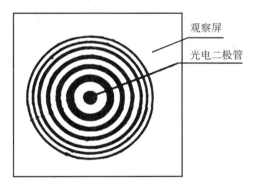

图 8-6-33　光信号转变为电信号

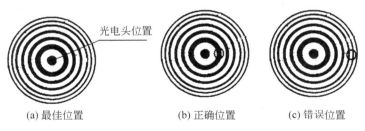

(a) 最佳位置　　　(b) 正确位置　　　(c) 错误位置

图 8-6-34　光电头位置示意图

文献中鲁晓东[9]提出用带有 USB 接口的 CCD 摄像头对图像进行采集,利用软件手动定位干涉条纹的中心坐标和有效半径,如图 8-6-35 所示,此方法克服难找光电头的问题,可以较为准确地定位有效中心坐标;缺点是在计数阈值的确定上需要人工在确定观察时间内计算亮纹的最大灰度值和中心暗纹的最小值,在智能处理图像以及圆心确定上存在很大的改善空间。

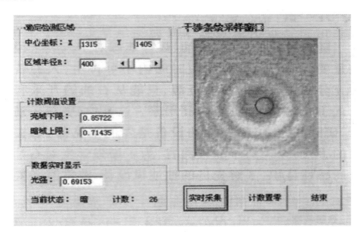

图 8-6-35　软件界面及图像采集效果

文献中林江豪[10]采用线阵 CCD 作为光电传感器件来设计条纹计数器,解决系统工作不可靠的问题,但缺点是在数据处理方面,阈值取数据最大值与最小值之和的中值,有一定误差;采用的均值滤波算法模糊了图像边缘,不利于后续的处理;采用线阵 CCD,系统对摄像头的摆放调整要求高,无法获取和实时显示干涉条纹的二维真实图像。

2. 本研究的主要内容

为克服现存条纹计数器的不足,本研究提出一种基于面阵 CCD 的迈克尔逊干涉条纹新型自动计数系统,同时为了方便用户使用,将该测控系统接入互联网和移动互联网,以实现远程控制测量系统的工作和获得测量结果。在本系统中,He-Ne 激光发射器发出圆环状的干涉条纹图像,利用面阵 CCD 将光信号转换成电信号,并将图像送至计算机进行处理。在图像预处理方面采用图像相减、图像滤波、灰度拉伸、边缘检测、二值化、图像膨胀和细化等;设计自动搜索算法,并利用检测图像梯度方向角变化的方法实现干涉条纹自动计数。

3. 系统总框架图

本研究的系统主要由五大部件组成:步进电机、迈克尔逊干涉仪、面阵 CCD 传感器、PC 和智能移动设备。在干涉条纹光学成像模块处使用步进电机智能控制迈克尔逊干涉仪微动滚轮移动,由迈克尔逊干涉仪(见图 8-6-36A)成像于成像屏,再由面阵 CCD 传感器(见图 8-6-36B)将图像信号捕获并转换,然后通过 A/D 数据采集卡(见图 8-6-36C)传输给PC(见图 8-6-36D)进行图像处理和计数等操作,并将结果显示在 PC 上,同时加入手机等智能移动设备(见图 8-6-36E),移动设备可以获取实验的相关数据,也可以发出控制信号远程控制仪器的操作。总框架图如图 8-6-36 所示。

4. 本研究的创新之处

(1) 设计有效区域自动搜索算法

有效区域指对干涉条纹进行计数时效果最为明显的区域,先对图像采用图像相减、图像滤波、灰度拉伸、边缘检测、二值化、图像膨胀和细化等图像预处理操作,然后通过有效区域自动搜索算法可准确、快速、稳定地找到干涉条纹图像有效区域。

(2) 提出检测梯度方向角变化的方法

提出通过检测梯度方向角变化实现干涉条纹自动计数的方法,并通过相关梯度的数

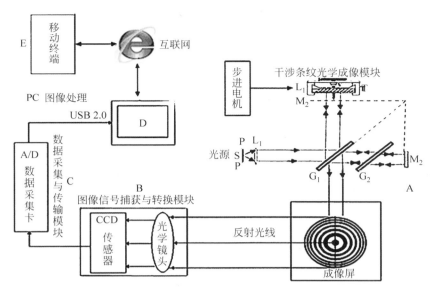

图 8-6-36　数据采集处理模块总框图

学理论分析与实验实践,得出 1/4 圆周处计数稳定可靠,这在目前中文文献中尚未有研究人员采用。

（3）设计基于互联网和移动互联网的远程控制

设计基于 PC 平台和智能移动设备平台的远程通信,客户端与服务端通过互联网与移动互联网进行通信和遥感测控,实现实验的远程控制以及实验数据的实时共享,方便各项实验的进行,目前中文文献中尚未有研究人员采用。

（4）采用面阵 CCD 平台

系统基于面阵 CCD,相对于线阵 CCD,二维图像信息全面,图像直观明了,更能全方位、更方便、准确地显示和计数干涉条纹。

（5）设计步进电机控制仪器滚轮滚动

设计步进电机控制迈克尔逊干涉仪微动滚轮滚动,使系统更加智能化与自动化。

参考文献:

[1]　姜坤,朱若谷. 用迈克尔逊干涉仪测微定位工作台的位移[J]. 中国计量学院学报,2006,17(4): 281-283.

[2]　周菊林. 用光的干涉和衍射测量金属的线胀系数[J]. 大学物理实验,2009,22(3):45-47.

[3]　温学达,刘钊,周惠君,等. 利用迈克耳孙干涉仪重建蜡烛火焰温度场[J]. 物理实验,2007,27 (6):44-47.

[4]　龚勇清,易江林,陈学岗,等. 大学物理实验[M]. 北京:科学出版社,2007:123-132.

[5]　迈克尔逊干涉条纹自动计数仪的设计与应用. 崔实,信冲,李宝才. 东北电力学院电力系,大学物理,1998.1.

[6]　An Image Level Set Method for Denoing. Dazhi Zhang, Songsong Li, Boying Wu, and Jiebao Sun. 2010.

[7]　新型迈克尔逊干涉仪条纹计数器的设计. 敖天勇,向兵. 郑州大学学报(工学版),2008.

[8]　条纹计数器在光学实验中的应用. 张黎丽,莫长涛. 大学物理实验 ,2002,15(2):12-13.

[9]　鲁晓东. 迈克尔逊干涉条纹的计算机采集与处理[J].实验室研究与探索.2009(28).

[10]　一种新的迈克尔逊干涉条纹计数方法. 林江豪,马文华,漆建军,李心广. 软件天地,2010.

设计重点

1. 图像和计数方面

1.1 如何进行图像预处理使得图像更清晰更适于计数。

1.2 如何进行自动计数。

1.3 如何使得实验自动化。

1.4 如何使计数更精准。

1.5 如何实现实际应用模型。

2. 远程测控方面

2.1 如何设计出客户端与服务端之间的即时通信。

2.2 如何设计出客户端与服务端之间的远程控制。

2.3 如何设计出多样的客户端。

2.4 如何设计出文件传输功能。

设计难点

1. 图像和计数方面

1.1 由于要进行图像预处理使得图像更清晰更适于计数,因此在设计本作品时需要将各种图像预处理的方法应用到其中,而这些预处理的方法组合非常多,甚至有些需要自行设计和创新。

1.2 目前存在的自动计数方法精度不高,需要重新设计。

1.3 目前迈克尔逊干涉条纹测量相关实验绝大部分仍然采用手动操作,极少部分结合传送带等工具实现操作,但精度不高,需要重新设计新的自动化方法。需要结合单片机和步进电机并对实验设备进行改造。

1.4 目前存在的计数方法精度不够高,需要重新设计新的技术方法。

1.5 需要为系统加入对应的实际应用模型,这要求本系统和相关仪器的可改造型和应用性强。

2. 远程测控方面

2.1 目前还未发现远程测控与迈克尔逊干涉条纹计数的相关实验结合的案例,缺乏先例,需要自行摸索,难度较高。

2.2 需要在计算机端系统上加入相应的服务端,并且需要设计出相应的客户端,有一定的难度。

2.3 多样的客户端使得开发本作品需要运用多个平台和多种计算机语言,有一定的难度。

2.4 需要实现 C++ 和 Java 语言的通信和远程控制及文件传输。

7. BBJC3701037 ｜ 清·河

参赛学校：北京体育大学
参赛分类：媒体设计普通组｜DV影片
获得奖项：一等奖
作　　者：王浡乎、徐佳堃、张娴
指导教师：陈志生

■■■■ **作 品 简 介** ■■■■■■■■■■■■■■■■

　　北京体育大学西南门的桥下静静地躺着一条河——清河，位于北京市北五环，是北京市主要的排洪河流。在清河边上生活着一类人——河道清理工。在清河的河道治理问题日益突出的背景下，他们的生活被推到了尴尬的位置。他们聚居在大闸边上的一个小平房，每天日出而作，日落而息，划船在清河上，或顺流而上或逆流而行，拾捡河面上的垃圾。尽管每天都在清理河道，但看着治理成效并不显著的河面环境，面对那些只盼望着政府投入治理河道环境污染的百姓和他们的批评、议论，他们也常常感到无奈和迷茫；他们来自不同的地方，在北京这个家也有自己的梦想，在现实和梦想之间也常常摇摆，日子就这样在忙碌中度过。不过，他们的生活却各有各的滋味，映照在清河上的只是他们生活中摇碎的一段桨影。他们的生活为纪录片的创作提供了很好的素材——走进这个群体，认识他们，从中了解北京环境保护和水污染治理的艰难，深切感受共同生活重压下的责任、迷茫和期待，将构成一部纪录片的社会性主题。

■■■■ **安 装 说 明** ■■■■■■■■■■■■■■■■

　　直接单击播放，不需要安装。

■■■■ **演 示 效 果** ■■■■■■■■■■■■■■■■

　　演示效果如图 8-7-1～图 8-7-5 所示。

图　8-7-1

图　　8-7-2

图　　8-7-3

图　　8-7-4

老严 只是无数河道清理工的代表
Old Yan is only a typical river clearance worker

图　8-7-5

■■■—— 设 计 思 路 ——■■■

　　在"水"这一主题下,以北京著名的历史河流之一清河为依托,试图以纪录片的形式来反映河道清理工这一类人群的生活状况。

　　近年来,清河的污染越来越为人们所诟病,政府投入了精力在整治,但并没有多少改观。河道清理工一边在政府的严格管理下做着辛苦的工作,一边又要受到来自老百姓的抱怨,因而处在一个相对尴尬的位置。本片希望能在跟拍主人公老严的过程中,挖掘这一点。

　　纪录片最重要的特点就是真实记录。我们花了将近半个月的时间走进这支队伍,走进这群人的生活,通过生活中的细节来还原河道清理工真实的生活状态。此外,我们还对清河两岸生活的百姓进行了街头拦访,从他们口中问出对清河的看法以及对这群人的看法。因此,在剪辑过程中,采用了第一人称和第三人称结合叙述的方式,用第一人称的叙述来表现本片的线性主题,即河道清理工虽然工作艰辛生活清贫但知足常乐,依然乐观对待生活;用第三人称来表现本片的隐形主题,即这些农民工看似卑微,却在做着对城市生活非常重要的工作。事实上,很多政府所办法的措施最终落实者也正是这群人。

■■■—— 设计重点与难点 ——■■■

　　在"水"这一主题下,以北京著名的历史河流之一清河为依托,试图以纪录片的形式来反映河道清理工这一类人群的生活状况。

　　近年来,清河的污染越来越为人们所诟病,政府投入了精力在整治,但并没有多少改观。河道清理工一边在政府的严格管理下做着辛苦的工作,一边又要受到来自老百姓的抱怨,因而处在一个相对尴尬的位置。本片希望能在跟拍主人公老严的过程中,挖掘这一点。

　　纪录片最重要的特点就是真实记录。我们花了将近半个月的时间走进这支队伍,走进这群人的生活,通过生活中的细节来还原河道清理工真实的生活状态。此外,我们还对清河两岸生活的百姓进行了街头拦访,从他们口中问出对清河的看法,以及对这群人的看法。因此,在剪辑过程中,采用了第一人称和第三人称结合叙述的方式,用第一人称的叙述来表现本片的线性主题,即河道清理工虽然工作艰辛生活清贫但知足常乐,依然乐观对待生活;用第三人称来表现本片的隐形主题,即这些农民工看似卑微,却在做着对城市生活非常重要的工作。事实上,很多政府所办法的措施最终落实者也正是这群人。

8. BLNE3702090 | 水滴奇遇记

参赛学校：东北大学
参赛分类：媒体设计专业组 | DV影片
获得奖项：一等奖
作　　者：陶永振、刘思楠
指导教师：高路

■— 作品简介 —■

　　在视频中先展示了地球的水资源不断减少最后变成人的眼泪，落下的泪滴开始了旅程，它见证了历了人类砍伐树木，城市建筑污染，尾气排放；接着遭受了工业、农业以及生活垃圾污染；再由人类过滤、活性炭及明矾净化，被运输去拯救一棵慢慢枯萎的小草，最后一切都为时已晚，在伤心之余，水滴慢慢倒退回到人的眼睛里再回到地球水丰富的画面。将纸反过来上面写着：地球不会为你倒带，请珍惜每一滴水。

　　作品采用了新颖的翻纸拍成 DV 形式，还融入了很多创意元素，是平面与立体的结合，创新性强。后期利用计算机软件对视频和音频进行结合，具有节奏感，视觉冲击力。以卡通动画展现了水的污染净化过程，画面动感，形式新颖，内涵丰富，幽默中引人深思。

■— 安 装 说 明 —■

　　本作品不需要特殊安装，用暴风影音等播放器直接播放即可。

■— 演 示 效 果 —■

　　演示效果如图 8-8-1～图 8-8-11 所示。

图　8-8-1

图　8-8-2

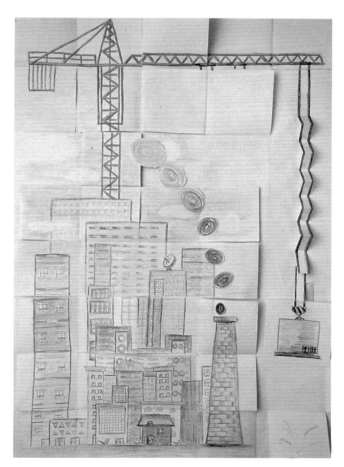

图　8-8-3

图　8-8-4

图　8-8-5

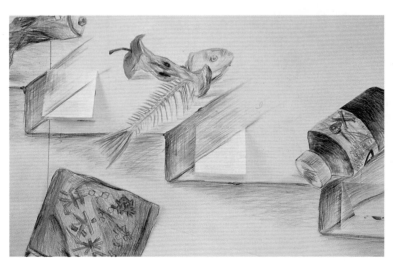

图　8-8-6

图 8-8-7

图 8-8-8

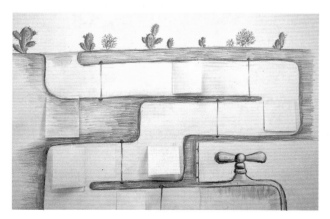

图 8-8-9

图　8-8-10

图　8-8-11

■■■—— 设 计 思 路 ——■■■

　　我们的设计灵感来源于现如今的水资源状况,呼吁人们珍惜水资源。要寻找一种呈现内容简单易懂,但可以打动内心的创作。

　　以用手翻动画和手绘的纸上卡通形象拍摄为视频短片的形式加上计算机软件的后期制作呈现给大众。据了解,国内外这种形式的 DV 拍摄视频罕见,所以我们决定打破一些传统的珍惜水资源视频。

我们先设定了主体形象水滴，再结合水资源污染现状，分别设定了人类砍伐树木，大气污染，城市建筑污染，尾气排放，工农业、生活垃圾污染几大场景。然后开始设计草图，画草稿，如图 8-8-12 和图 8-8-13 所示。

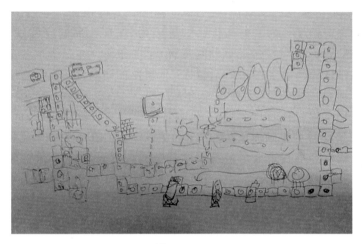

图　8-8-12

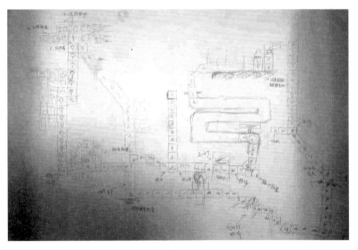

图　8-8-13

水滴分别扮演着见证者、受害者和拯救者。在这三个角色中水滴先见证了乱砍滥伐、过度建造、汽车拥堵及尾气污染；受管道污水、生活垃圾等污染，最后被净化去拯救小草。但是为了呼吁人类珍惜水资源，水滴没有成功拯救小草，所以我们加入倒带的手法，将水滴回到最初水滴掉落的地方，又使整个地球充满生机，达到一个完美的循环过程。

这种手法虽然可以用拍电影的手法达成，但是真正的生活中地球不会为我们倒带，所以呼吁人们要珍惜水资源，不要等到它枯竭后才意识到需要它。

设计重点与难点

1. 作品中形象、场景的设计。既要有感染力，又要简单易懂，还要符合现实，而且要有创新。

2. 作品中场景的衔接。衔接既要自然,又要有关联,还要将主体形象融入其中。

3. 作品中的翻纸动作。这也是最重要的一点,构思耗时最长,而且它的制作没有参考依据,很难迸发出灵感,准备时长,更多的是实现过程复杂烦琐。既要保证动作的连贯,又要保证上一张与下一张画的一致性,还有纸张重叠位置的设计。

4. 作品中的完美循环。为了提高作品的感染力,保证作品的完整性,这种循环并不是用计算机技术达成的,而是经过计算和测量,使起点和终点在一个位置上。

5. 作品的制作过程。由于作品篇幅较大,在制作的过程中,既要选择一个宽敞平坦的地方,又要保证画面的清洁度,还有移动的不方便。

6. 作品的拍摄过程。耗时长,尝试了许多种拍摄方法,既要保证画面的平稳,又要跟随翻纸的节奏,还要随时调整画面的焦距。由于篇幅大,拍摄要随时保证画面的清洁度。

7. 作品的后期计算机制作也是最重要的部分。要保证画面的动感同时既要保证视频的流畅性,又要保证视频的节奏感,还有场景的衔接要自然。还要在上千个音效中选取所需,音频上既要保证与视频协调一致,又要具有感染力。

9. BAHE3202049 | 水润徽州

参赛学校：安徽大学
参赛分类：媒体设计专业组 | 计算机动画
获得奖项：一等奖
作　　者：曹阳蕾、黄秀珍、刘麟凤
指导教师：陈成亮

■── 作 品 简 介 ──■

　　动画的创作灵感来源于流传在徽州的一个民俗传统——打棍求雨。动画主要的情节是牧童敲棍求雨，雨水使大地由灰色变成了彩色，滋润了大地，使万物复苏。

　　整个动画采用淡彩水墨的艺术形式，将传统水墨山水、人物和动画结合在一起，旨在渲染出诗意的情调；背景音乐采用悠扬的笛声，配合动画中牧童与小牛的互动及万物逐渐复苏的场景，阐释了水是生命之源，提醒人们珍惜水资源。

■── 安 装 说 明 ──■

　　本作品为 Flash 动画，使用大部分通用的影音播放器均可播放（暴风、QQ 影音等），当然，使用 IE 浏览器、Flash 播放器也可以播放。

■── 演 示 效 果 ──■

　　演示效果如图 8-9-1～图 8-9-5 所示。

图　8-9-1

图　8-9-2

图　8-9-3

图　8-9-4

图　8-9-5

设 计 思 路

该动画是以打棍求雨这一徽州民俗传统为设计创意切入点,经过改编做成了动画。

为了紧密贴合传统民俗,体现名族特色,整个动画采用了淡彩水墨的艺术形式,将传统水墨山水、人物和动画结合在一起,旨在渲染出诗意的情调;背景音乐采用传统、悠扬的笛声,配合动画中牧童与小牛的互动及大地万物复苏的场景,带领大家畅游徽州、领略徽州风土人情的同时也向人们阐释了水是生命之源,提醒人们要珍惜水资源。

动画围绕"水"为主题,雨水贯穿整个动画,古人敲棍求雨以解旱灾,表达了人们对水的渴望,大地在雨水的滋润下万物复苏,反映了水对生命的重要意义。在当代这个水资源缺乏的社会,动画在提醒我们水的重要性,同时也提醒着我们要珍惜水资源。

设计重点与难点

动画主要的故事情节是牧童敲棍求雨,雨水使大地由灰色变成了彩色,万物复苏。

其中,万物复苏的场景是整个动画的设计重点,因为动画以"水"为主题,为突出水对生灵万物的重要性,所以着重刻画了雨水的滋润使大地万物复苏这个过程。传统的淡彩水墨形式也是整个动画的重点,旨在紧密贴合民俗传统,体现名族特色。

水墨风格在此动画中是一大难点,因为我们团队是初学 Flash 软件和动画设计,对于软件的使用比较陌生,所以最初对于用 Flash 制作水墨效果无从下手。我们平时所接触到的动画,大多是卡通的形象和场景,水墨动画比较少见,所以此动画是我们不断的探索与尝试的成果。

10. BLNE3202248 | 城市排水系统优化设计

参赛学校：东北大学

参赛分类：媒体设计专业组 | 计算机动画

获得奖项：一等奖

作　　者：靳雪蔓、徐阿俏、肖宇航

指导教师：霍楷

作品简介

城市排水系统优化设计集"渗"、"蓄"、"用"多位一体，结合运用多种手段高效、生态、环保的解决内涝问题。渗，就是在路面上大量铺设渗水砖，渗水砖具有保持地面的透水性、保湿性、防滑、高强度、抗寒、耐风化、降噪吸音等特点。当大雨来临，渗水砖和地表排水系统可以迅速使雨水下渗，更大程度上避免积水。蓄，谓地下水库，是指在地下含水层中蓄水的水库。地下水库是利用引渗回灌的方法，把降水或河水等渗入地层的空隙之中蓄积起来，或者将河道的潜流利用地下坝拦蓄起来，形成地下水体的蓄水工程。用，就是合理地利用现有空间和资源，在此基础上进行改造利用，使之成为用之有效的排水工程。使其在满足广场的正常使用之外可以在暴雨来临之际有效地储存排放雨水，可以作为人们聚会、玩耍、运动的场所。

安装说明

城市排水系统优化设计属于计算机动画类作品，作品完成以视频形式播放。用视频编辑软件制作，导出的影片格式是 mov 文件，所以本作品不涉及安装程序事宜，在普通视频播放器都能播放，例如暴风、Kmplayer 或者迅雷看看等播放器。

演示效果

作品 AE 的部分效果如图 8-10-1 所示。

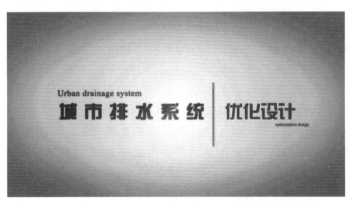

图　8-10-1

图 8-10-2 介绍此优化系统的设计背景。

图　8-10-2

人物视频拍摄与后期合成部分如图 8-10-3 所示。

图　8-10-3

排水系统"渗"部分的效果如图 8-10-4 所示。

图　8-10-4

图 8-10-5 结合 Flash 演示动画，让表达更直观。
排水系统"蓄"部分的地上效果如图 8-10-6 所示。
排水系统"用"部分的水广场效果如图 8-10-7 所示。
水广场的地下效果如图 8-10-8 所示。

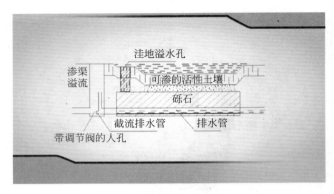

图　8-10-5

图　8-10-6

图　8-10-7

图　8-10-8

大雨来临时的水广场效果如图 8-10-9 所示。

图　8-10-9

排水系统优化设计服务于城市的效果如图 8-10-10 所示。

图　8-10-10

■━ 设 计 思 路 ━■

1. 设计背景：2012 年 7 月 21 日，一场 61 年未遇的大暴雨让北京城遭受严重内涝，损失严重。2008 年至 2010 年间，我国有 62％的城市发生过不同程度的内涝，有 57 个城市的最大积水时间超过 12 个小时！北京天通苑立交桥大水，暴雨至少造成北京城区 95 处道路因积水断路，城市交通瘫痪，城区 95 处道路因积水断路，车辆无法行进。北京四处灾害严重，房山、平谷和顺义平均雨量均在 200 毫米以上。

尽管灾害已去，但大雨带来的一系列问题却引发我们反思。

2. 分析城市内涝原因：面对突如其来的灾害怎么办？我们分析城市出现内涝的原因：管道细、管道老化、调节不足、上下失衡。用最有效的方法就是地下排水管道全部扩建，但是，地下管道全部改进需要多少费用呢？据统计下水管建设每千米的成本是几十万元，那么北京市仅主城区的排水系统建设就要花费数百亿元！地下管道全部改进又需要多少时间呢？仅一个城市的管网铺设最短也要 60 年才能建成。那么大量建造地下水库怎么样？目前城市中刚建成的水库随着城市的不断变化，刚建成又扩建，如此循环，费力伤神。所以，我们需要优化排水系统。

3. 调查研究对比整合：如何优化城市排水系统，让它高效、生态、环保的服务于整个城市呢？在参考了排水系统方面比较先进的国家和地区，巴黎、东京、香港之后，再经过长期研究整合之后，于是就有了城市排水系统优化设计。

4. 优化排水系统的详细解析：

（1）我们的排水系统集"渗"、"蓄"、"用"多位一体，结合运用多种手段高效、生态、环保地解决内涝问题。

（2）所谓渗，就是在路面上大量铺设渗水砖，渗水砖具有保持地面的透水性、保湿性、防滑、高强度、抗寒、耐风化、降噪吸音等特点。此地表排水系统包括各个就地设置的洼地、渗渠等组成部分，这些部分与带有孔洞的排水管道连接，在靠近屋面、停车场、道路等地方形成一个分散的雨水处理系统，通过雨水在低洼草地中短期储存和在渗渠中的长期储存，保证尽可能多的雨水得以下渗。当大雨来临，渗水砖和地表排水系统可以迅速使雨水下渗，更大程度上避免积水。

（3）蓄，即地下水库。顾名思义，是指在地下含水层中蓄水的水库。地下水库是利用引渗回灌的方法，把降水或河水等渗入地层的空隙中蓄积起来，或者将河道的潜流利用地下坝拦蓄起来，形成地下水体的蓄水工程。在城市突遭暴雨的情况下，超大容量地下水库一旦开启进水通道便可迅速吸纳城市中心海量积水；待暴雨结束，利用污水设施的空余输送能力，再将收集雨水有序处置排放。地下水库建成后将可根据城市运行需要，对初期雨水进行有序、合理处置，有效提升城市的防汛能级。

（4）所谓用，就是合理地利用现有空间和资源，在此基础上进行改造利用，使之成为用之有效的排水工程，将各大城市中的公园绿地、广场进行改造，使其在满足广场的正常使用之外可以在暴雨来临之际有效地储存排放雨水，并且在立交桥周围铺设渗水系统，通过地下排水管道将其与附近的广场连通起来。大雨来临，在暴雨时节降下的雨水将通过引流下渗经过管道流至附近的广场中，减小排水系统负担，避免了现在这种污水直接流入到护城河和运河里的现象。广场中具有相应的排水管道和雨水过滤设施，在经过过滤系统处理之后，水池不仅可以作为蓄水处来用，而且可以作为人们聚会、玩耍、运动的场所。

5. 优化排水系统的意义：综上所述，集"渗"、"蓄"、"用"为一体结合地表、地中、地下全方位进行的排水系统优化设计，可以有效地缓解城市内涝，保证城市居民的生命财产安全。

■■■ 设计重点与难点 ■■■■

设计重点

1. 城市排水系统优化设计的重点总体在于排水思路的创新和整合，即把渗、蓄、用同时联动起来，综合服务解决城市排水问题。

2. 分解的设计重点在于渗、蓄、用这三个点，每点的单独设计。

（1）"渗"的设计重点是考虑渗水砖与渗水管道的结合，以及强调在墙周围靠近道路的地方地下网管的设计。

（2）"蓄"的设计重点是考虑蓄水池的建造位置，地上复杂网管的建设以及考虑地下地质条件和论证蓄水量。

（3）"用"的设计重点在于公园、广场、绿地的造型美观和结合蓄水的实用性，以及论证此设计放在城市中心是否给人们生活带来不便和安全隐患。

设计难点

1. 整体设计思路的确定,先讲背景,我们做此设计的必要性,再讲目前能够行之有效的办法,最后推出我们整合的优化设计。

2. 设计合理性的论证,由于专业知识的不对口所以设计合理性经过反复的斟酌思考和大胆突破在一定程度上带有了概念设计的味道。

3. 计算机动画,要求要打动人吸引人,所以让我们的画面整体风格、设计感和人物拍摄的协调统一也是我们设计的一个难点。

4. 视频编辑软件的应用,由于我们计算机配置相对较低,在视频制作过程中经常会遇到系统崩溃的情况,所以,要在计算机能承受的情况下做出最好效果。

5. 在基本的动画场景制作完成后,如何配置背景音乐就是重中之重,如何能使画面和音效配合,使整体更加协调,我们尝试了大量的音乐效果,使音乐和画面配合得更加协调。

参赛学校：中国人民大学

参赛分类：媒体设计专业组　|　计算机游戏

获得奖项：一等奖

作　　者：王雅坤、胡文谷

作品简介

本游戏以勇敢的美人鱼 Sofia 为主角，讲述了一个为拯救海洋保护地球水资源的故事。以末日世界为背景，从最具冲击力的视角为人们敲响环保的警钟。在游戏中玩家跟随主角一起在被污染的海洋世界中追根溯源，充分了解水污染带给生态环境甚至人类文明的毁灭性结果，并坚定不移地寻找能让水资源重回往日清澈与勃勃生机的方法。游戏通过有趣益智但不失紧张刺激的形式使玩家可以充分了解到水污染的危害，从而使保护水资源教育潜移默化地深入人心，达到寓教于乐的目的。

本作品的特色主要体现在以下几个方面：

原创性：游戏的玩法、音乐、美术、角色、故事完全原创。

故事性：连贯的原创剧情，积极向上的主人公，使游戏极具有可玩性。

寓教于乐：以环保为主题，以主角坚韧不拔的精神为中心。是玩家在欢乐中了解到保护水资源的重要性。

另外，ICHTUS 是希腊语中"鱼"的意思，念作"依赫休斯"，衍生意义为"耶稣、基督、神的儿子"。

安装说明

解压后，运行"ICHTUS.exe"即可。

推荐配置：

操作系统：Windows XP/Vista/7/8。

处理器：2.0GHz 以上处理器。

内存：512MB 以上 RAM。

显卡：512MB 以上显存。

硬盘驱动器：30＋MB 以上的可用硬盘空间。

演示效果

为运行流畅，本游戏采用 600×525 分辨率。演示效果如图 8-11-1～图 8-11-9 所示。

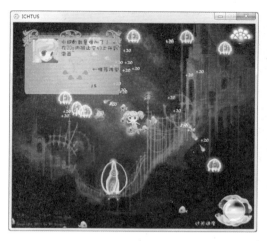

图 8-11-1

图 8-11-2

图 8-11-3

图 8-11-4

图 8-11-5

图 8-11-6

图 8-11-7

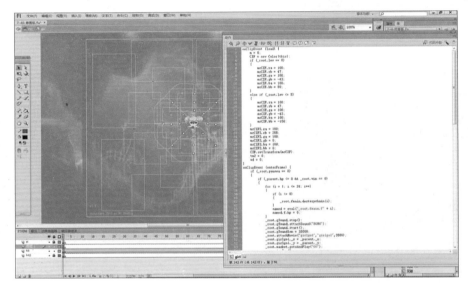

图 8-11-8

图 8-11-9

关键技术

玩法方面：

本游戏独创了"移动塔防"玩法。这种将阵型系统与自由移动结合的形式，可以最大限度增加玩家策略的自由度，使游戏更加益智。

音乐方面：

本游戏配有的多首音乐均由 FLStudio 制作，且全部为原创。

美术方面：

从角色到特效，从背景到道具，全部都是原创。运用的软件有 Photoshop、Painter、Flash 等多个 CG 软件。每个元素经过：手稿—PS 位图上色—液化调整制成关键帧—Flash 导入合成动画的制作程序。

程序方面：

使用 Flash 脚本将上述素材整合成完整游戏。

设计难点

敌人 AI 的制作、小鱼自动攻击方向判定方法、第三关小游戏的制作与衔接等。都是制作中遇到的难点。我们两人通过每周的定期讨论，找到最合适的办法将其逐个解决，实现需要的效果。

12. BHND3100956 | 渴

参赛学校：湖南大学
参赛分类：媒体设计专业组｜图形图像设计
获得奖项：一等奖
作　　者：张祎、李俊
指导教师：周虎、李小英

■■■ — 作 品 简 介 — ■■■

　　本系列平面作品旨在通过脚、簸箕、信封、旧书以及碗筷的渴，展现健康的绿色生活、充实的精神生活、人与人之间的交流沟通、温暖的家庭生活等一些生命中必要的真实的东西正逐渐离我们远去的社会现实；通过它们的"渴"，表达"水"（即上述所说的东西）的必要性，从而达到呼吁社会走出虚拟世界、面对真实生活重新审视内心的目的。

　　本作品由自己拍摄主要素材，利用 PS 软件合成修饰而成。

　　作品中图像主体虽不是水，却无时无刻不通过"渴"表现了水的中心地位，使"水"似有虽无，别有深意。同时，我们的主题针对了社会现实，通过对这些具有象征性的物品进行超现实的改造，为观众带来视觉上的冲击，从而引发观众深思。

■■■ — 安 装 说 明 — ■■■

　　本作品使用 Windows 7 系统，利用 Photoshop 6 软件制作完成。

　　作品观看格式有 jpg 和 psd 两种，前者适用于任何常用的看图软件（涵盖系统自带软件），后者需要 ACDsee、"2345 看图王"、"美图看看"等专业看图软件的支持。源文件则需要在 Photoshop 中打开。

　　作品源文件大小为 180MB，占用空间大小 180MB。转换为 jpg 格式的五张图片大小分别为 79.9KB、83KB、77.6KB、58.1KB、61.1KB，占用内存大小分别为 80KB、84KB、80KB、60KB、64KB。

■■■ — 演 示 效 果 — ■■■

　　演示效果如图 8-12-1～图 8-12-5 所示。

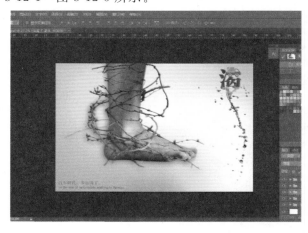

图　8-12-1

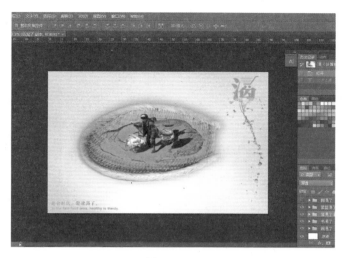

图　8-12-2

图　8-12-3

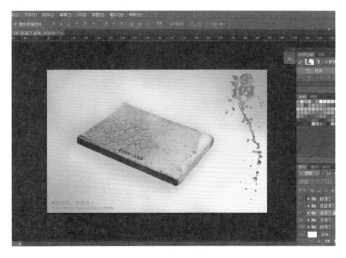

图　8-12-4

图 8-12-5

设 计 思 路

本次参赛作品的主题是水,我们将其发散,使水不仅仅是自然之水,也赋予其更深刻的社会内涵(即健康的绿色生活、充实的精神生活、人与人之间的交流沟通、温暖的家庭生活等一些生命中必要的真实的东西)。

我们选择以"渴"为线索,通过极具视觉冲击力的"'水'的缺乏",表达"无水不可"的主题,从而达到警世的目的。

作品以超现实的手法,选择了干渴龟裂的书和信、布满蜘蛛网的碗筷、发生地质塌陷的菜篮以及缠绕了枯藤的脚,展现它们被闲置的荒芜饥渴之态,体现了对"水"的诉求。每一样物品的象征意义,将在下面进行详述。

1. 步行渴了:汽车时代,当我们选择了耗油的交通工具,选择了宅在家里,当我们用高跟和真皮裹挟自己的双脚时,还能记起小时候光着脚丫在草地上奔跑的情景吗? 我们是否束缚了自己的脚太多,以致其被缠上了枯藤"固步自封",从而忘记了双脚接触大地的真切与踏实? 出去走走吧,你的脚饥渴难耐,等待着"水"的到来。

2. 健康渴了:即便是继"禁塑令"之后,菜篮似乎还是已经成为"旧物",在这个速食时代,提着菜篮在菜场买菜的场景也似乎一去不复返。快节奏的生活,不允许我们在厨房耗上太多的时间,人们宁可在办公室订外卖,也没有更多的时间亲自下厨。即便是春节的年夜饭,大小酒店也场场爆满。然而,自家菜的健康与放心,却是速食远远无法带来的。这个簸箕正在塌陷,正好路过的卖菜老爷爷似乎也命悬一线,而他的自家菜其实早已发黄枯败。而我们的健康,正等待着"水"的到来。

3. 沟通渴了:在科技如此发达的电子时代,信息的交流与传达,更多的是通过影像、语音和屏幕上的标准字来实现。书信、邮递……这些词汇似乎更多地代表着一个已经过去的时代。曾经,人们在纸上一笔一划的表情达意;曾经,人们无数次经过传达室苦苦等待自己的来信……当我们的交流越发方便与直接时,一些更深入人心、含蓄委婉的表达方式,也逐渐逝去。多少人埋怨难以敞开心扉,又有多少人遗落了他的岁月与珍惜?你的信被时间脱了皮,它饥渴难耐,等待着"水"的到来。

4. 思想渴了:现代社会的快节奏使人们更偏爱于浅阅读,微博人人等第三网络平台的发展加速了书本的远离,人们进入了网络时代。然而,每本书都隐藏着作者的思想或经历。翻动纸质书本潜心阅读,与作者产生共鸣的喟然长叹或是恍然大悟,是浅阅读所无法带来的真切感受。这本书等待人们的翻阅已经很久很久了,它的龟裂与破败似乎预示着思想的死亡,它饥渴难耐,等待着"水"的到来。

5. 家渴了:不论是离家远读的学子,还是奔波在外的白领,一桌的饭菜和碗筷于他们,似乎已经成为了童年的一枚标记。高楼时代,城市化进程加快,"家"这个词,变得越发扑朔迷离。而童年放学回家妈妈端着一副碗筷走来的场景,也似乎被回忆和家的味道渲染上别样温暖的光辉。的确,快餐所带来的单纯的饱腹感,是无法与家、温馨、健康等词汇联系在一起的。倘若回家,无需山珍海味,只是一桌熟悉的味道,只是一对碗筷,便是内心最好的慰藉。

你有多久没在家吃饭了?这对碗筷已经布满了蜘蛛网,它饥渴难耐,等待着"水"的到来。

我们从生活方式到精神世界,步步逼近,超现实地展现随着现代社会发展而逐渐远去的一些东西的"渴",呼吁社会走进真实的生活,倾听自己的内心。而这份生命的本真,才是真正的"水",浇灌了城市里的空虚与焦躁,带来山泉的那汪清澈与香甜。

■■ 设计重点与难点 ■■

本作品设计的重点是物品的选取,版面的排版以及物体超现实效果的实现。在选取物品时,我们主要是想通过几种相对具有象征性的物件来代表离我们远去的习惯、生活方式或是思想、感情,因此这些物件的选择需要十分慎重。

脚代表健康的生活方式,快乐恣意的生活环境,汽车时代,人们出行便利很多,但是健康却离我们远去,污染加重,人的锻炼减少,依赖增强。

簸箕代表一种健康的、绿色的生活。快餐时代,类似于麦当劳、肯德基的快餐店逐渐增多,同时这种饮食方式产生的安全隐患也逐渐增多,垃圾食品充斥市场,以前的绿色无污染蔬菜已经难觅踪迹。人们需要以前那种挑选绿色蔬菜自己做饭的厨房生活。

信代表人与人之间的真诚交流。社交网络高度发达的今天,人们沟通更加快捷便利,但是真诚的沟通却很少。我们更多时候面对的是手机屏幕和计算机屏幕上闪动的头像,却看不见对方的表情。

书代表一种思想的获取,一种思考的独立,过去知识的获取通常都来自于书。在IT时代,消息传播敏捷,真假难辨,人变得人云亦云,乌合之众增多,人已经很少独立思考了。

碗代表一种精致的家庭生活,如今社会竞争增强,人们为了给自己争取一席之地,奋力工作,却忽略了家庭,和家人在一起吃一顿饭已是奢求。

版面排版方面,我们要突出中间的物品,旁边的文字既要起衬托作用,又有画龙点睛之效。后期处理方面,我们想要表现出物品的质感,同时做出超现实效果。我们想象这些物品渴的状态,并使用皲裂、破碎、枯老等特点来表现。为展现超现实的效果,我们在对这些物品的处理上,也经过了十分细致的讨论与研究。

难点是由于没有摄影棚之类的条件,拍摄素材相对不成熟,使得素材的光照角度等没有体现物品自身的质感和光泽,这为后期的调色增添了负担。

此外,在技术上,为达到超现实的效果,素材之间的合成、调色等处理,也着实为技巧性的细活儿。

13. BHBA5200166 | 最美童年

参赛学校：中南民族大学
参赛分类：媒体设计民族文化组 | 计算机动画
获得奖项：一等奖
作　者：张琪、夏柯南、段美英
指导教师：李苇、夏晋

■— 作 品 简 介 —■

　　该作品通过中国古代剪纸艺术的展示，来表现中国特色的艺术文化。其艺术的表现力和美妙性，给人一种视觉的冲击。此作品正是宣扬这一传统，继承传统，推陈出新。作品大量应用了 Flash 软件和 Photoshop、Maya、AE 等软件，使其惟妙地展现出当代技术与剪纸艺术的结合，更能突显出中国艺术的特色。

　　作品整体设计是其重点，画面的美妙性和构图都会影响整体效果。为表现这种剪纸的感觉，我们设计的时候花了大量的时间来表现这一特色。重要的是我们为突出此动画的视觉冲击力而在构图上精心设计，来吸引观赏者的眼球，这是重点又是难点。想法和做法上的统一，可把最好的作品展示出来。这就是我们的设计作品。

　　剪纸较难表现三维空间的比例和透视关系，要依据形象在内容上的联系，使用多种图案组合的手法。在运用 Maya 做二维剪纸效果的时候需要时间调试，并且要有较强的对比空间和构图上结合的把握能力，所以前期用大量时间进行测试、调整。

　　在做人物方面，为突出人物动作，考虑到花纹的设计，以便更强烈地突显出人物与场景的对比。为了表现全片出彩之处，我们在前期做了大量的修改与调动，让作品锦上添花，具有可观性，视觉冲击力更强。

■— 安 装 说 明 —■

　　作品输出使用"mpg"的常用格式，一般的播放器都能使用，如 real play、暴风影音等视频播放软件。

■— 演 示 效 果 —■

　　演示效果如图 8-13-1～图 8-13-5 所示。

图　8-13-1

图 8-13-2

图 8-13-3

图 8-13-4

图 8-13-5

　　中国剪纸的发明是在公元前的西汉时代(公元前3世纪),当时人们运用薄片材料,通过镂空雕刻的技法制成工艺品,却早在未出现纸时就已流行,即以雕、镂、剔、刻、剪的技法在金箔、皮革、绢帛,甚至在树叶上剪刻纹样。《史记》中的剪桐封弟记述了西周初期成王用梧桐叶剪成"圭"赐其弟,封姬虞到唐为侯。战国时期就有用皮革镂花,(湖北江凌望山一号楚墓出土文物之一),银箔镂空刻花(河南辉县固围村战国遗址出土文物之一),都与剪纸如出一辙,它们的出现都为民间剪纸的形成奠定了一定的基础。剪纸艺术是我国民族文化的载体,它历史悠久,是千百年来无数劳动人民的智慧结晶,经世代传承流传到今天,它凝聚着人民的理想愿望和幸福追求,蕴涵着民族历史文化的基因和气质。我们沿着先行者开创的道路,深入民间,向民间学习,继承民族文化传统,并注入新的艺术思维。在改革的新形势下,剪纸艺术不但获得了新生而且发展空前繁荣。把剪纸艺术与创作相结合,两者相辅相成,共同创造了崭新的局面。

　　民间艺术剪纸丰富了古代文化的沉积;从考古、历史、哲学、民族学、民俗学、美学、艺术学等多学科进行研究,成果丰硕,弥补了民艺学术领域历史的空白,大大提高了民间剪纸艺术的艺术价值,是前所未有的。

　　我们继承发扬了民族的艺术传统,尊古创新、另辟蹊径,以剪纸形式来表达我们的思想。

　　我们围绕着民俗中的节气、传统节日之主题创作展现了美好画面,给人以喜庆、吉祥、美好和祝福之意以及对童年的追忆和留恋。它的大部分都是以民俗为基础,与民俗活动有紧密联系。同时,它的内容与形式充分反映着民间风俗的各种事物,与其他民间艺术、民间游艺,特别是民间习俗,都是密切联系,相互交织在一起的。

　　所以我们以剪纸的效果来表现中国特色的艺术文化。全片故事描述的是童年的美好和节日的喜庆,因为当代青年随着时间和年龄的增长会渐忘自己的童年,忘了自己儿时的快乐和美好,甚至是中国的节日也淡忘了,忽视了中国节日的特色和由来,只是觉得节日就是放假,就是休息。因此,我们为表现儿时的快乐而设计了剪纸动画。

　　剪纸的艺术特点是由剪纸材料(纸)和所有工具(剪刀和刻刀)所决定的。

　　构图形式上组合压缩。剪纸较难表现三维空间的比例和透视关系,要依据形象在内容上的联系,使用多种图案组合的手法,将天体、建筑、人物或动物同时安排到一个画面上,因此常见"层层垒高"或"隔物换景"的形式。

　　在画面构图上是平视构图,构图饱满、装饰性强,周边装饰了一些与主题有关的衬景,更好地衬托出主题。我们运用了三维软件,突破了传统的平面模式。

　　在剪纸的造型方面,概括简练、夸张变形,抓住了对象的特征,加以概括和夸张,经过加工,其特征更突出,更集中,也更有装饰性。

　　在剪纸的装饰纹样方面,有锯齿纹、月牙纹、云纹、水纹和花朵等,锯齿纹和月牙纹是剪纸的重要装饰纹样,它广泛应用于人物、动物、花鸟、鱼虫和器皿上,利用锯齿的长短、疏密、曲直和刚柔等变化,结合不同事物的特征,表现出质感、量感和结构等,云纹和水纹多在配景或以景为主的剪纸中出现,朵花是一种图案式的花头,可用于服装的点缀和器具的图案上。

在剪纸的表现方法上，确定了整体风格和色调，主要以红、白为主调，对比强烈，是一种明快、朴素大方的表现样式。设计的样式以剪纸风格为基本形式，并加以创新和改造。然后根据我们所学的知识及软件的应用来突出表现剪纸的趣味和特别之处。整体样式比较简约，不刻意讲究透视效果，是一种仿儿时的绘画理念和平面性的构图方式。我们注重色调的紧密，红、白的对比，突出剪纸的亮点。作品整体表现力强，突出故事的描述性。

作品运用了 Maya 三维技术体现空间感，突破传统平面模式的剪纸效果，显现其整体性和故事性。

■■■ 设计重点与难点 ■■■

整体设计是重点，画面的美妙性和构图都会影响整体效果。动画的动作和整体故事的串联是重点，为表现这种剪纸的感觉，我们设计的时候花了大量时间来表现这一特色。重要的是为突出此动画的视觉冲击力而在构图上精心设计，来吸引观赏者的眼球。这是重点又是难点，主要是想法和做法上的统一，把最好的作品展示出来。这就是我们的设计作品。

剪纸较难表现三维空间的比例和透视关系，要依据形象在内容上的联系，使用多种图案组合的手法。

在运用 Maya 做二维剪纸效果的时候需要大量时间，并且要有较强的对比空间和构图上结合的把握能力，所以前期花费了大量时间进行测试、调整。

在做人物方面，为突出人物动作，考虑到花纹的设计，以便更强烈地突显出人物与场景的对比。

为了表现全片的出彩之处，我们在前期做了大量的修改与调动，让作品锦上添花，具有可观性，视觉冲击力更强。

14. BLNE3201958 ｜ 东巴秘密

参赛学校：辽宁工业大学
参赛分类：媒体设计民族文化组｜计算机动画
获得奖项：一等奖
作　　者：朱红、王晓昆、仲维跃
指导教师：杨帆

■■■ — 作 品 简 介 — ■■■

　　该作品是以纳西族的东巴象形文字为基础，引用东巴经《创世纪》中的神话爱情故事而演绎的动画片。本片采用动态的东巴文字活跃在充满古朴气味的东巴纸上来表现，伴有特色的纳西民族乐曲，不仅能丰富其趣味性，还能引起大家对东巴文的兴趣，促进人们对纳西文化的研究。

　　"东巴"意译为智者，这些"智者"知识渊博，能画、能歌、能舞，具备天文、地理、农牧、医药、礼仪等知识。他们书写经文使用的文字是一种"专象形，人则图人，物则图物，以为书契"的古老文字，称"东巴文"。

　　短片是讲遇难重生的从忍利恩与衬红一见钟情，却得不到天神的同意。而后，天神对从忍利恩设下重重考验，从忍利恩都应付下来。当知劳阿普所有的伎俩都用完后，只好将女儿嫁给从忍利恩。于是，从忍利恩夫妻二人来到地上过着耕牧的生活。不久，他们就有了恩恒三兄弟。这三兄弟长大后，却不会说话。后来，经过祭拜天父天母后，三兄弟才会说话，但他们的话语却各不相同，大哥说的是藏语，后来发展成如今的藏族；老二说的是纳西语，并逐渐发展成纳西族；老三则讲白语，而后发展成为白族。

　　该作品还将东巴文作为设计元素运用到手工艺品推广和交互媒体推广上，在这些推广中起到宣传东巴文，体现纳西文化作用。

■■■ — 安 装 说 明 — ■■■

　　1. 在交互媒体中的手机版的"寻找东巴文"游戏需安装在安卓手机上使用。我们通过 Java 将静态的东巴文图标做成游戏，利用安卓平台发布到手机上，如图 8-14-1所示。

图　8-14-1

2. Flash东巴文动态显示需要安装影视播放器软件,将鼠标点到图标上,可以显示其变化,如图 8-14-2 所示。

图　8-14-2

3. 东巴文在计算机桌面主题上的应用。通过对东巴文的了解,我们可以把东巴文做成计算机桌面小图标,不但可以起到装饰作用,还能很好地展示计算机主人的文化底蕴,如图 8-14-3 所示。

图　8-14-3

演 示 效 果

演示效果如图 8-14-4～图 8-14-9 所示。

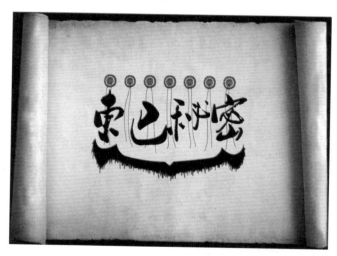

图　8-14-4

图　8-14-5

图　8-14-6

图　8-14-7

图　8-14-8

图　8-14-9

■■ ─ 设 计 思 路 ─ ■■

1. 享有"西方纳西学之父"美誉的约瑟夫·洛克曾经说过,"纳西是一个温良谦和的民族,具有比大多数白种人更高的道德标准,他们善良、宁静、孩子似的天真无邪和可爱,我喜欢他们"。而纳西族的东巴文是目前世界上唯一仍然存在的象形文字,被视为全人类的珍贵文化遗产。这种文字对于研究比较文字学和人类文化具有很高的学术价值,是人类古典文字的"活化石"。该短片以纳西族的东巴象形文字、古朴气息的东巴纸,引用由《东巴经》整理的《创世纪》,讲述一个神话爱情故事。故事中利用拟人化的东巴文讲述主人公崇忍利恩经历重重磨难,最终与心爱之人衬红结为连理。婚后孕育三子,大儿子发展成为如今的藏族,二儿子发展成为如今的纳西族,小儿子发展成为如今的白族。故事中的东巴文字带领观众穿越时空隧道,呈现出一幅与古老的东巴文字心灵沟通的意境,最终体现出具有魅力的纳西文化。

2. "创新精神是一个国家和民族的不竭动力,是现代人应该具备的基本素质。"随着科技的进步,电子产品的不断更新,我们将东巴文运用到交互媒体及电子终端设备上,这样可以更加方便人们在平时的生活学习中学习东巴文化。

设计重点与难点

设计重点

纳西族象形文字是世界上唯一还在使用的一种象形文字,但是它在某种意义上还不是成熟的,所以在该短片中设计重点主要是使用 AE 视频制作软件将象形文字极具特色的表现出来。在工艺品推广中,既可将东巴文装饰在灯具和服饰上,又可将东巴文作为设计元素做成各种工艺品。交互媒体应用的广泛推广有手机、计算机桌面主题,纳西东巴文宣传电子杂志,还有和东巴文互动的"寻找东巴文"游戏。这些能起到宣传东巴文的作用,又能体现魅力的纳西文化。

设计难点

由于东巴经是用原始图画象形文字书写的,一般人不易释读,所以,东巴经一直被视为"天书"。在制作中有部分文字的使用有一定的局限性。本次制作动画过程和交互媒体推广的软件制作中使用的是 PS、AE、PR、Flash、Zmaker 等。交互媒体中的"寻找东巴文"游戏使用的是 Java 语言,这种跨专业的制作,也是本次制作交互媒体的难点。

15. BBJA5301292 | 《古戏台》交互装置

参赛学校：北京工业大学
参赛分类：媒体设计民族文化组｜交互媒体
获得奖项：一等奖
作　　者：陈思羽、岳菁菁、王家斌
指导教师：吴伟和

■■■ — 作 品 简 介 — ■■■

　　古戏台建筑是传统戏曲的载体，体现着我国古代建筑艺术的绚丽和辉煌，但这一珍贵遗产现已遭到了严重的损毁。我们想借助全息、多媒体、交互的新技术，进行传统文化在表现形式和观看形式方面的探索。戏台的外观主要参考清代戏台的外形结构，为保留传统文化的风貌，材料选择了木质，反映了中国建筑的特色。舞台灯光上，运用单片机技术，根据场景内容的变化，自动控制舞台灯光的变化，营造了舞台空间感。画面呈现上，古戏台交互装置将真实道具与幻影成像相结合，产生亦幻亦真的神奇效果。交互方式上，突破了传统鼠标、键盘的局限，以击鼓作为交互输入方式，用鼓槌轻敲四个鼓，就能触发对应角色的动画、音乐，增强了观众的参与性和观看方式的趣味性。

■■■ — 安 装 说 明 — ■■■

1. 搭起古戏台楼体（屋顶、门楣、主楼体、附属楼体及基座）。
2. 将屏幕水平固定于基座中，将音箱放置楼体后。
3. 将 0.3mm 亚克力板以 45 度斜置于屏幕上方。
4. 将舞台道具放入戏台内。
5. 根据视频中人物的位置摆放戏台内部的道具。
6. 根据道具位置安装内部受控 LED 灯、内部暖光 LED 灯带、外部冷光 LED 灯带、宫灯。
7. 将 Arduino 控制板与光电开关、内部受控 LED 灯相连。
8. 搭起外部黑箱，在戏台前方放置身份鼓，安装戏台前方的幕布与射灯。
9. 固定摄像头的位置。
10. 使用摄像头拍摄一张照片（分辨率设定为 320×240）。
11. 根据照片，确定四个鼓中心点的坐标位置。

■■■ — 演 示 效 果 — ■■■

　　整体效果展示如图 8-15-1 所示。
　　装置细节图展示如图 8-15-2 所示。
　　图 8-15-3 为片头设计图。
　　海报设计如图 8-15-4 所示。
　　鼓面设计如图 8-15-5 所示。
　　虚实结合（视频特效）如图 8-15-6 所示。

图　　8-15-1

图　　8-15-2

图　　8-15-3

图　8-15-4

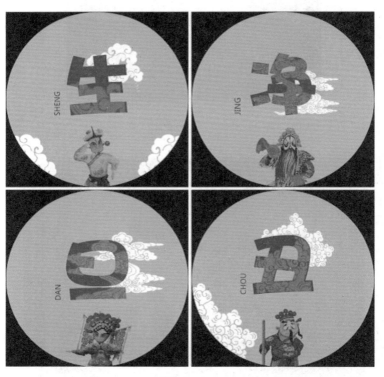

图　8-15-5

图　8-15-6

交互演示如图 8-15-7 所示。

图　8-15-7

■━ 设 计 思 路 ━■

1. 设计背景

　　古戏台作为传统戏曲的载体,联系着我国古代多种多样的宗教习俗和戏曲民俗,负载着传统戏曲的艺术形态和观演关系,乃至民族情感和民族精神。中国遍布城乡数以万计的古戏台见证了戏曲的形成,是非常宝贵的"固态的戏剧文化",它体现着我国古代建筑艺术的绚丽和辉煌。但由于各种自然灾害和人为原因,这一珍贵的文化遗产在过去的半个多世纪里,遭到了严重的损毁。我们希望借助以综合材料装饰安装好的古戏台为平台,运用多媒介、多技术、多艺术手段展现中华瑰丽的传统文化。

2. 创意来源与设计意义

　　本作品以古代戏曲舞台为出发点,采取幻影成像技术的原理,汲取交互装置设计的新兴艺术表现形式,将 Flash 技术与摄像头、Arduino 相结合,将有趣的戏曲动画内容置于戏台——这个装置艺术中,营造一个相对真实的氛围,使观众更好沉浸于戏剧中,以达到宣扬中国传统文化的目的,使传统文化逐渐趋向现代化、大众化,使其在多样性文化的冲击下不会被大众遗忘。

3. 视觉设计

（1）古戏台建筑设计

精致、具有吸引力的外观往往能够在第一时间抓住人们眼球,给予人们进一步了解它们的欲望。通过古建筑、古戏台资料的查找,我们进行了设计草图的初步绘制,随后根据设计需求,戏台的外观主要参考清代戏台的外形结构,为了达到仿真的效果材料选择了木质;经过反复考量,我们对古戏台外形及内部空间整体进行了重新设定,使民族元素在建筑上更多地体现出来。

（2）动画角色选择与设计

通过资料的查找与收集,在"生旦净丑"四大戏曲行中,我们分别选取了典型角色进行设计。由于戏曲中的人物角色主要是通过脸谱来显示剧中人物的性格和特征,所以我们对角色的外貌特征进行提炼归纳并将其形象卡通化从而更好地彰显他们各自的特性。另一方面,戏曲衣饰也是给每个角色打上独特标签的关键。所以在戏服的款式及纹样设计上,我们做了仔细的研究并巧妙地设计了服装细节。

（3）应用元素选择与设计

① 动画视频中的元素设计:我们设计了相应的元素以烘托戏曲角色形象特征和营造周围场景的气氛。

② 舞台实景的道具元素设计:本作品的角色形象通过幻影成像技术将这些虚拟的戏曲形象与真实的舞台实景结合起来,我们根据角色本身的习惯特点和动作形态为每个角色搭配设计了一个特定实景的环境,并添加相应的道具元素。

（4）外部空间设计与应用

为了突出内部内容,内部采用暖光源,外部采用冷光源,并在合适位置适当添加幕布与戏台内部幕布相呼应。

4. 整体布局构成及功能设定

"古戏台"由戏台模型、光学成像系统、灯光系统、影视播放系统、计算机多媒体系统、音响系统及交互系统组成。

（1）戏台模型及内部道具模型

为了给光学成像系统创造环境空间,内部场景环境需要足够黑,才不会显得影像和实物脱节过多,外部场景参考清代戏台搭建。由于要给走线留出空位,同时考虑到搬运的问题,我们将它设计为由屋顶、门楣、主楼体、附属楼体、内部舞台及基座这六部分组成的可拆卸结构。

为了使多种视觉元素在环境下和谐统一地表现出来,增强场景的空间感及立体感,我们根据视频中人物设计、制作并按空间位置摆放了亭子、假山、桃花树、武器架、鼓等道具,使动画角色与实景更好地结合在一起。

（2）光学成像系统

幻影成像系统也称虚拟成像,是基于"实景造型"和"幻影"的光学成像。将所拍摄的影像(人、物)投射到布景箱中的主体模型景观中,演示故事的发展过程。

我们采用的是斜置45度的0.3mm亚克力板,运用光学反射原理实现动画与周围景观"真实"结合的效果,可营造空间透视感。

（3）灯光系统

舞台灯光作为舞台美术造型的手段之一。舞台灯光和技术手段,随着场景变换,以

LED 变化显示环境,渲染气氛,突出中心人物,可创造舞台空间感。

根据设计需要与场景需求,我们决定主要使用发光二极管(Light Emitting Diode, LED)。因为它体积小、耗电量低、环保且可控性强。

经过商议,舞台内部采用暖光源 LED 灯、LED 灯带及宫灯,外部采用冷光源 LED 灯带与射灯。通过互补色的冷暖对比,增强感染力,突出戏台内部动画。

(4)影视播放系统

通过 LED 显示屏投影出二维动画。

(5)计算机多媒体系统

我们主要运用如下软件进行创作与设计:

图形图像编辑软件:Photoshop,3D MAX,AutoCAD。

动画编辑软件:Photoshop,Aftereffect。

视频编辑软件:Premiere,Silhouette,Nuke,Aftereffect。

音频编辑软件:Goldwave。

视频音频转换软件:狸窝全能视频转换器。

(6)音响系统

考虑到音响效果及统一性的问题,决定在戏台附属结构之后左右各放一个外挂音箱,使音乐效果在整体环境下更有立体感。

(7)交互系统

将 Flash 技术与摄像头、Arduino 以及 LED 灯结合,实现交互。

装置构造与配置图如图 8-15-8 和图 8-15-9 所示。

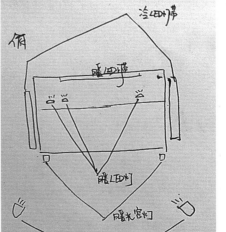
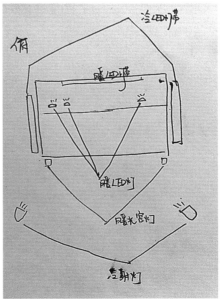

图　8-15-8　　　　　　　　　　　　图　8-15-9

互动系统流程图如图 8-15-10 所示。

交互程序实现如图 8-15-11 和图 8-15-12 所示。

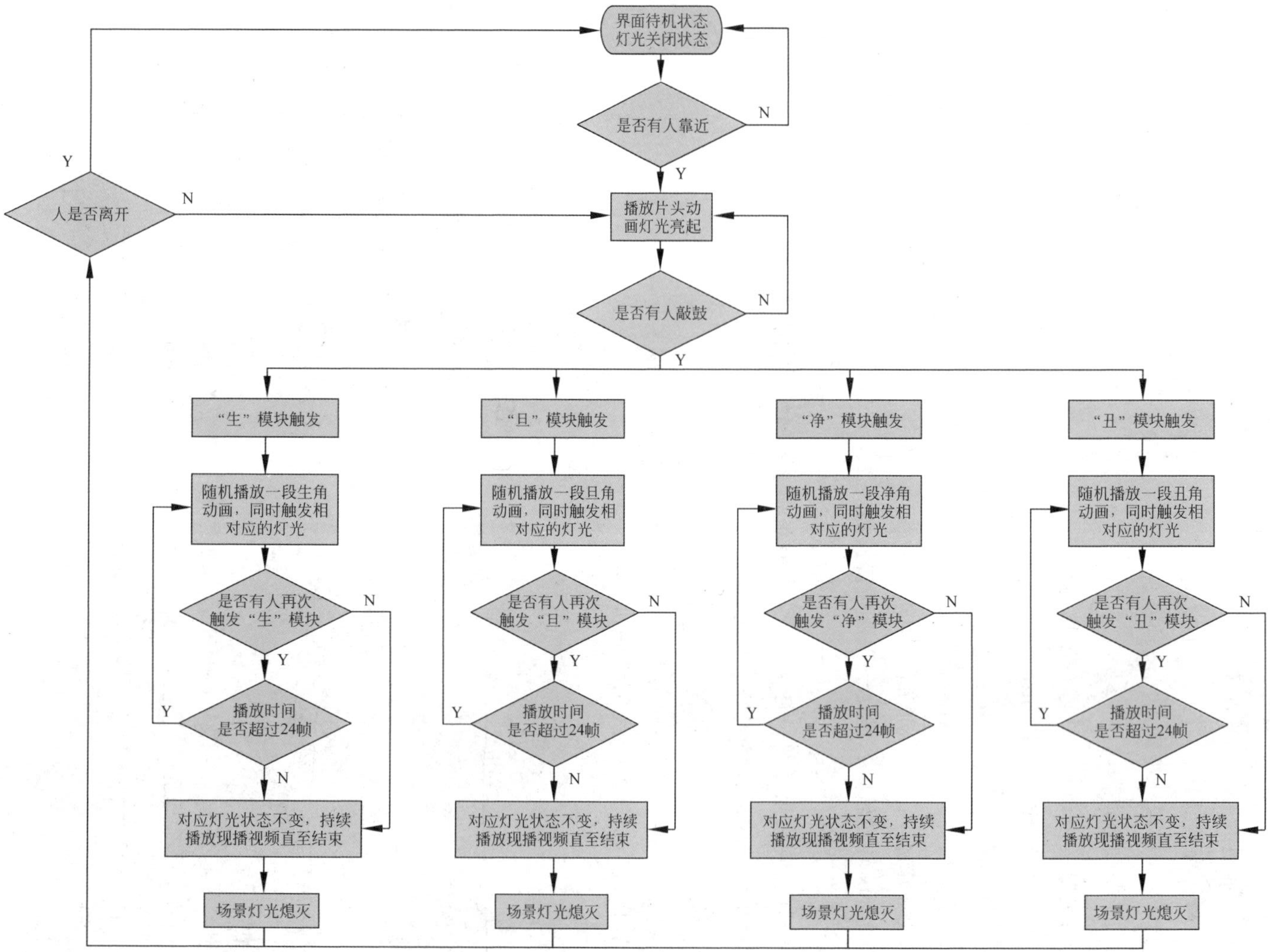
界面待机状态
灯光关闭状态
是否有人靠近
N
Y
播放片头动
画灯光亮起
是否有人敲鼓
N
Y
人是否离开
Y
N
“生”模块触发
随机播放一段生角
动画，同时触发相
对应的灯光
是否有人再次
触发“生”模块
播放时间
是否超过24帧
对应灯光状态不变，持续
播放现播视频直至结束
场景灯光熄灭
“旦”模块触发
随机播放一段旦角
动画，同时触发相
对应的灯光
是否有人再次
触发“旦”模块
“净”模块触发
随机播放一段净角
动画，同时触发相
对应的灯光
是否有人再次
触发“净”模块
“丑”模块触发
随机播放一段丑角
动画，同时触发相
对应的灯光
是否有人再次
触发“丑”模块

图　8-15-10

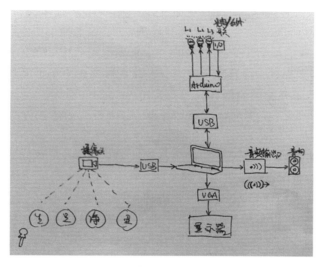

图　8-15-11

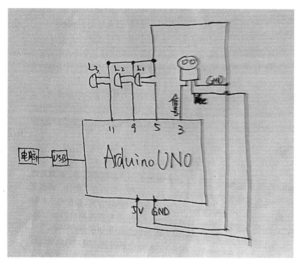

图　8-15-12

实现方式

　　我们在戏台前面放置了四个鼓,上面分别是"生"、"旦"、"净"、"丑",观众只需用鼓槌分别轻敲置于戏台前方的四个鼓就能触发对应的动画、音乐。灯光设计也是带有交互性的,人靠近戏台灯光就会亮起来,人离开灯光就会自动熄灭。每当转换到新场景时,灯光就会有渐灭渐亮的变化。

■■■■ 设 计 重 点 与 难 点 ■■■■

设计重点

1. 风格定位与典型角色选择

　　对于《古戏台》中戏剧动画风格的确定,我们选取了不同风格的图片资料,对它们进行处理后放入已经搭建好的戏台中来进行比较。我们从这些风格图片中选出了三种较为合适的风格：一是真人视频(在已存在的戏曲片段中选取比较适合我们的角色及场景进行背景抠除及黑化处理)的效果，二是三维模型效果，三是偏卡通的二维仿三维的绘画效果。

通过以下对比，我们最后决定用二维的手绘来表现舞台中的角色设计。

(1) 真人视频：优点：成像真实。缺点：①源素材视频质量不能保证；②镜头抖动及位移变化不可预测；③可发挥的创作空间不大。

(2) 三维模型：优点：成像立体感强。缺点：三维模型的建立与动作的绑定会使制作周期变长。

(3) 二维仿三维(偏卡通)：优点：①角色设计创作空间大；②可添加幽默、夸张等元素；③制作周期短。缺点：成像立体感不强。

中国戏曲文化博大精深，戏剧表演形式多种多样。我们观赏了大量的戏剧视频，查阅了大量的戏剧资料，并进行多次调研，最后确定了应用到我们设计中的典型戏剧人物。

2. 内容创新与丰富

如何设计角色、创造相应元素并与戏台内部场景结合是我们遇到的最大问题。为了虚拟的动画角色能和实物场景比较和谐一致，我们做了很多角色本身以及道具的细节处理；同时，为了画面能够更加饱满，我们运用后期软件根据每个角色与场景分别进行了特效的添加。

3. 交互方式选择与实现

选择合适的输入与输出装置进行交互至关重要，与此同时考虑到了交互设计易用性与直观性，最后我们选用了摄像头作为信息采集装置，运用 Flash 技术将摄像头与Arduino 运用到戏台里。

4. 感应元件与外部造型的连接

元件与外部连接是一个耐心费神的过程，一个电路线路的连接出错，可能会导致整个装置无法正常工作。为了在场景内部感应元件与外部造型较好连接的情况下尽量达到整体美观，我们经过多次实验与调试，减少电线外露，改进了元件的连接。

设计难点

1. 虚实的完美结合

博物馆中常见的幻影成像经常出现影像与实物脱节过多的情况，为了实现虚拟的动画角色能和实物场景完美结合，我们对场景内部灯光、人物服装色彩以及道具摆放位置进行了多次尝试与调整以达到最佳效果。

2. 交互技术需以简化繁

我们原先的方案同时运用了三种交互系统(色彩传感器、灯光遥控器以及麦克风)，经过用户调研，反映出一个装置中交互方式多了会使用户迷惑。所以我们重新定位，反复实验的同时进行用户调研，最后确定了最后的交互形式以及运用的交互技术。

参赛学校：昆明理工大学
参赛分类：媒体设计民族文化组 | 交互媒体
获得奖项：二等奖
作　　者：田彤、杨琪、文志刚
指导教师：杨兆麟、张谩元

■■— 作品简介 —■■

设计目标：

通过 Flash 交互动画的方式来展现云南省临沧市沧源佤族自治区翁丁村的民俗特点与民居建筑风格，以及它深厚的文化底蕴，旨在以此为出发点来宣扬中华民族传统文化中民族民俗文化的博大精深和源远流长。

设计意义：

1．翁丁村是现今中国保留得最为完整的原生态民族文化村落，是云南省第一批非物质文化遗产"佤族传统文化保护区"和历史文化名村。它的村寨风光、它所传承的源远流长的手工技艺，是研究佤族历史文化的生态博物馆，是中华人民共和国乃至全世界最漂亮、最古朴、最具魅力的佤族村寨。

2．用动画与影视的语言和方式来体现沧源佤族翁丁村的民俗特点与民居建筑风格，弥补实拍的不足，使民俗民族文化与建筑特点这种很难于理解的东西更加通俗易懂，富有趣味，表现形式新颖，有利于中华民族传统文化的传播与发扬。

3．了解影视动画与交互媒体的制作流程，学习和熟练软件的使用及多软件综合应用。

4．积累实战经验，为本专业后续环节的学习奠定基础。

5．尝试设计一套民族民俗风情介绍的交互系统应用于日益应用广泛的 Android 触屏系统。

作品特色：

1．作品用 Flash 交互动画与影像剪辑、三维动画制作的方式来展现沧源佤族翁丁村的民俗特点与民居建筑风格，视角独特、形式新颖，并使作品通俗易懂，具有视觉张力，富有趣味性。

2．制作过程中在指导教师和云南民族博物馆研究馆员杨兆麟老师的带领下深入临沧市沧源佤族自治区翁丁村，实地考察，拍摄贴图和视频资料等，拥有充足的第一手资料。

■■— 安装说明 —■■

打开光盘，单击"最后的部落.exe"运行软件。具体操作请参阅操作说明视频。本文件基于 Windows XP 系统/Windows 7 系统/Windows 2000/Android 触屏等操作系统皆可运行。

A. 开篇动画

B. 交互界面

C. 视频页面

D. 游戏交互页面

E. 片尾

▰ 设 计 思 路 ▰

对于本次大赛,我们用 Flash 交互动画形式、朴实的语言来展现沧源佤族翁丁村的民俗特点与民居建筑风格,以 Flash 交互动画技术为主,三维、平面、后期软件为辅,表现我们中华民族传统文化的神奇魅力,并在过程中熟练掌握软件的操作。

从作品构思而言,我们在探讨中追求创意与内涵的相辅相成,尊重事实也创造惊喜,因此避开了全部实拍的方式,而是选择了实拍与二维、三维动画相结合的方式来表现,视角独特,形式新颖,并使作品通俗易懂,具有视觉张力,富有趣味性。

制作的过程一方面反映着我们每个人对软件探索学习的路径,体会到实践是更有利于掌握、发散、联系知识的重要途径;深层次而言,这样的经历加深了我们彼此的磨合程度,更体会到团队合作的重要性,在无形中凝聚并加强了力量。

1. 作品的起源、内容和意义

对于沧源佤族翁丁村的传统文化这一作品,是经过多方面考察所决定的。在世界上,多民族文化是中国独有的特色。而非物质文化保护在我国并不是很受大家重视。在生存意义上,少数民族传统文化对现代化要求做整体的适应性调整,也并不意味着一定得完全放弃文化的民族性。例如,在市场化过程中,从社会分工角度说,交换行为只有在不同使用价值的物品之间才会发生。少数民族正可以利用独特的自然资源和文化资源,生产使用价值不同、文化特点突出的商品来满足市场需求。因此,在全球化、现代化背景下,少数民族传统文化在生存论层次上的边缘化,绝不意味着他们在意义层次上也一定会边缘化。因为,每种文化构成了解释世界和处理与世界关系的独特方式,世界是如此复杂,以至于只有以尽可能多的角度来观察它,才能达到了解它和与它相处的愿望。毕竟文化的产生、存在和发展,不仅出于生存的需求,更在于保证生活的充实和幸福,在与使人获得艺术化的生存——更加诗意的栖居。

2. 制作初衷

确定好制作思路之后,没有太多犹豫,我们决定以 Flash 交互动画的形式来完成我们的作品。因为文化是一种比较抽象的词汇,很难于表现,所以我们采用此种方法来表现这一主题,这种方法视角独特,形式新颖,并使作品通俗易懂,具有视觉张力,且富有趣味性。从而让大家对于中华民族非物质文化保护可以更多地关注。

3. 作品制作框架

```
                        开篇动画
                           │
                        最后的部落
        ┌──────────┬──────────┴──────────┬──────────┐
      卷首语      翁丁              翁丁          卷尾语
                民居建筑          民俗文化
      ┌───┘                                      └───┐
   视频配                                         视频配
   解说词                                         解说词

          视频配    村寨风光        民族信仰   视频配
          解说词                               解说词

  交互游戏  视频配    干捏式建筑      腰机织布   视频配
  ——拼图   解说词                              解说词

          视频配    翁丁寨柱        木鼓      视频配   交互游戏
          解说词                              解说词    ——击鼓

                                   民族服饰   视频配
                                            解说词
```

4. 部分制作过程说明

A. 制作思路确定后在三维软件中搭建模型及贴图

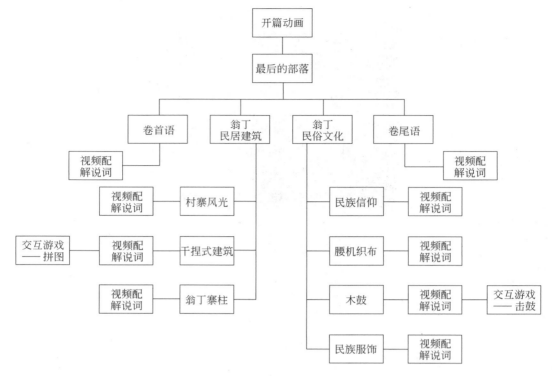

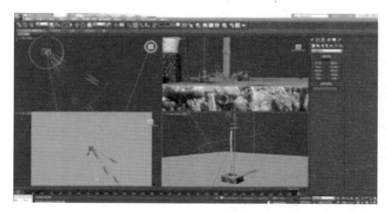

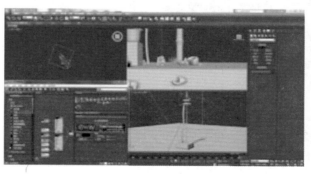

B. 外出拍摄，采集素材

C. 后期制作剪辑视频

D. 配音,音源音效剪辑

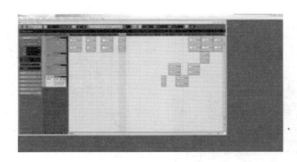

E. 背景图制作

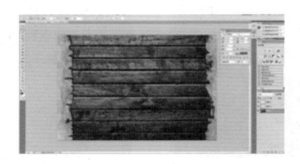

F. 分镜头绘制

G. Flash 交互制作

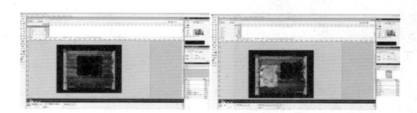

5. 总结和展望

通过这次参赛的经历,大家学到很多东西。首先是围绕整个主题中华民族文化进行了深刻的思考。我们查阅了许多的资料确定了沧源佤族翁丁村的传统文化这个主题,并确定了以"最后的部落"为题。这个作品讲述了沧源佤族翁丁村的传统文化……我们认为,这样的手法很直观也很简单,而这样的创意可以在很大程度上给人们思考的空间。

在达成共识之前,我们意见的分歧也是很多的,在不断磨合、不断沟通和相互理解的过程中得到了最终的观点统一。而在制作的时候,我们也遇到了很多困难。对于这样的比赛来说,我们都是新手,第一次做交互动画,第一次一起合作,第一次发现自己脑子里所想的东西可以以我们自己想要的方式呈现在屏幕上而不是空想。一开始我们是十分亢奋的,但是对于之后遇到的事情来说这种亢奋没有持续太久。我们开始面对很多问题,软件不熟悉,想法无法实现,渲染时间很长等,不过对于热爱专业的我们来说,这些过程只要能让最终的观点得以表达都是值得的,因此我们每一个人都很努力,以将事情做好。

对于作为新手的我们来说,也许最大的缺陷在于对软件使用的生疏。制作的一个月中,每天有时间就跑到学校实训室的机房做我们的作品,不断遇到问题,然后想各种办法解决问题,不断修改、改进。我们用了很多的时间向指导老师请教了很多,才慢慢熟悉了应该如何去做,浪费了很多时间在这一问题上。其次是关于创意方面,我们一开始收集资料的时候非常盲目,无法很快地进入一种创作的状态,这样的状态伴随了我们很久,直到一切都有了眉目,有了些小小的成就感之后才好转起来。

在这个过程中,我们不仅了解到 Flash 交互动画的制作知识和这个流程,学习和熟悉了软件的使用及多软件相结合的综合应用,积累了实战经验,为本专业后续环节的学习奠定了良好的基础,而且懂得了团队之间的互相配合、团队合作的重要性、实际工作与课堂理论学习的巨大差异以及效率的重要! 我们存在很多不足,但是对于这次比赛所付出的心血让我们找到了一部分不足,我们相信能在以后的工作和学习中继续寻找并且改进——这是必须的。我们希望能有更多的机会能让我们磨炼或者能把好的思想带给我们,在过程中更加成熟,这是我们所追求的。

设计重点与难点

8-143

1. 模型的制作:模型需要细调,布线要合理,需要极大的耐心;

2. 三维建筑摄像机调节:通过不断对摄像机位置调节才使得动画更加生动流畅,要在实战中不断积累经验;

3. 模型和角色材质的选择:在多种材质中不断进行测试,细调每项参数寻找最合适的一种;

4. 渲染时间长:由于机器配置问题,有些镜头每一帧就要渲染十几分钟,时间的配合很重要;

5. 后期校色及合成:每一段动画渲染完成后都用 Edius 或 Adobe After Effects 校色和合成,不断比对;

6. 二维动画部分逐张绘制,工作量耗时多;

7. Flash 合成中,由于交互技术问题,给我们的制作时间与效率带来诸多麻烦;

8. 多软件综合运用需要不断学习,寻找效果最好、效率最高的方法和软件版本。

参赛学校：浙江农林大学天目学院

参赛分类：媒体设计民族文化组 | 图形图像设计

获得奖项：二等奖

作　　者：卢小洁、柏楠

指导教师：黄慧君、方善用

■— 作品简介 —■

　　本作品是以中国56个民族服装为主体的一系列视觉元素设计，并将音乐文化与民族服饰文化相结合。

　　主作品由三张海报组成，分别是《爱我中华篇》、《黄河大合唱篇》、《春江花月夜篇》。每个民族都有属于自己本民族的服饰，每个民族也都有属于自己的歌曲。中国56个民族服装服饰不仅是民族历史发展的产物，而且是民族独特文化传统的结晶，56首民族歌曲也是民族文化传统的结晶。"以音为辅，以服为主"是本作品的设计理念，同谱爱国情感曲，同唱民族团结歌是本作品的核心思想。作为视觉元素，运用到实际生活中并加以推广才是关键。为此我们做了相关的系列海报设计，分别是《56张民族服饰设计图》、《服饰与二维码》、《二维码推广海报》等，希望通过这些事物来让人们更深入地认识中国民族服饰文化，并得以发扬。

■— 安 装 说 明 —■

　　软件的运用是《颂·音服》系列作品设计中的关键，在作品制作过程中综合运用 Photoshop、Illustrator、CorelDRAW～等软件对作品的外形、色彩以及文字进行独立的创作和设计。

　　1.《爱我中华》如图 8-17-1 所示。

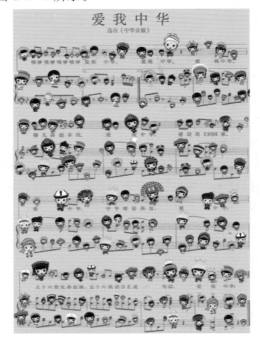

图　8-17-1

2.《黄河大合唱》如图 8-17-2 所示。

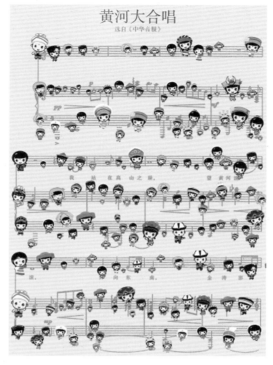

图　8-17-2

3.《春江花月夜》如图 8-17-3 所示。

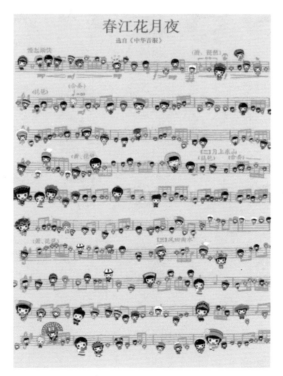

图　8-17-3

4.《56 张民族服饰设计图》如图 8-17-4 所示。

图　8-17-4

5.《服饰与二维码》如图 8-17-5 所示。

6.《二维码推广海报》如图 8-17-6 所示。

图　8-17-5

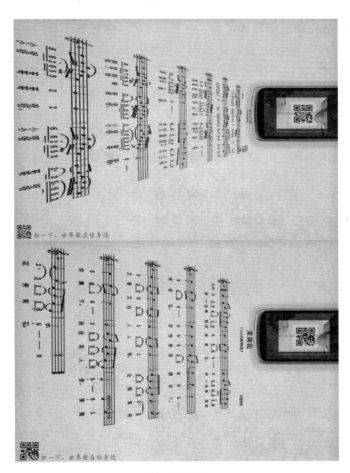

图　8-17-6

本作品以音乐文化与民族服饰文化相结合为依托。中国有 56 个民族,56 个民族有不同的服饰,正因为这些不同才最好地体现了中国民族服饰文化的博大,民族服饰是民族文化的外在表现、形象展示,展示了民族的鲜活个性,有别于其他民族的精神面貌。中国是一个拥有 56 个民族的大家庭,每个民族在文化上和服饰上都有着无穷的魅力。各民族服饰以其丰富的色彩、精巧的技艺、独特的造型和深厚的文化内涵,成为中国民族文化艺术宝库中的瑰宝。因此我们把设计的主体放在 56 个民族服饰上。寻找资料的同时发现了《爱我中华》这首歌曲,顿时灵感、各种想法惊现,为什么不把民族服饰与歌曲结合,将主题升华呢?后来纵观中国音乐史,我们选取了三首比较有代表的歌曲,即《春江花月夜》篇、《黄河大合唱》篇和《爱我中华》篇。三首歌都有其内在含义及其所要表达的思想,正因为如此,我们借这三首曲来表达 56 个民族的服装文化。同谱爱国情感曲,同唱民族团结歌是本作品的核心思想。

对这 3 张大海报的具体思维过程是这样的,《春江花月夜》篇的背景采用淡蓝色,蓝色是天空的颜色,代表着安静,刚好与曲名"月夜"所带给人的感觉相符。《黄河大合唱》篇的背景采用淡橘黄色,橘黄色是太阳的颜色,是黄河母亲的颜色,代表着热情,符合了歌曲的曲名。《爱我中华》篇采用的是淡红色,红色是中国的颜色,代表着生命。

3 张海报排版形式都采用原歌曲曲谱的形式,这样的好处是给人一种一目了然,欢快感,用 56 个穿着本民族服饰的卡通娃娃为曲谱的音符,娃娃会随着不同歌曲,不同音符,有着不同音乐的律动,犹如手拉着手欢快地跳舞。有种动静结合的感觉。

首先叙述 3 首歌曲以及在歌曲上寻找的灵感。

《春江花月夜》

《春江花月夜》是中国十大古典名曲之一,是中国古典音乐经典中的经典。原来是一首琵琶独奏曲,又名《夕阳箫鼓》、《浔阳琵琶》、《浔阳夜月》、《浔阳曲》。后被改编成民族管弦乐曲。乐曲通过委婉质朴的旋律,流畅多变的节奏,形象地描绘了月夜春江的迷人景色,尽情赞颂江南水乡的风姿异态。《春江花月夜》很美,美在它从曲调的发展到结构形式都体现着鲜明的民族特色,充满着东方神韵。而中国民族服饰也像《春江花月夜》一样迷人,美丽,体现着鲜明的民族特色,中国 56 个民族都有属于自己本民族的服饰,这些不同民族不同服饰很好地体现了华夏大地的风姿。《春江花月夜》与 56 民族的服装相结合,以歌曲形式传唱了中国民族服饰的重要性及民族的团结,共创和谐之曲。

《黄河大合唱》

《黄河大合唱》由光未然作词,冼海星作曲。是一部史诗型大型声乐套曲,共分八个乐章。作品表现了在抗日战争年代里,中国人民的苦难与顽强斗争,也表现了我们民族的伟大精神和不可战胜的力量。它以我们民族的发源地——黄河为背景,展示了黄河岸边曾经发生过的事情,以启迪人民来保卫黄河、保卫华北、保卫全中国。作品气势宏伟磅礴,音调清新、朴实优美,具有鲜明的民族风格,强烈反映了时代精神。新世纪,全球经济一体化势不可当,而民族服饰的继承、发展和创新面临的巨大挑战主要有民族服饰科研创新意识淡薄,科研队伍不强,创新型科研人才缺乏。产研脱节,各自为战,工艺落后,难以形成批量效应。随着西方文化的进入,服饰也开始发生变革。也许是从那时起,我们渐渐地忽视了自己丰富的民族服饰文化,我们艳羡西洋服饰的时尚感和律动感,开始对舶来的款式、色彩、线条亦步亦趋。特别是青年学生更热衷于追逐西方服饰时尚,以穿国外名牌为荣,对民族的东西不屑一顾,真是可叹可惜!面临这些挑战,中国民族服饰像《黄河大合唱》所写的一样是不可被外来洋服所取代的,以启迪人民来保卫56民族服饰。让中国民族服饰走向世界。

《爱我中华》

《爱我中华》是著名作曲家徐沛东,为1991在广西举行的第四届全国少数民族运动会开幕式大型文艺表演而创作的主题曲。"五十六个星座,五十六只花,五十六族兄弟姐妹是一家,五十六种语言汇成一句话,爱我中华,爱我中华,爱我中华"这是《爱我中华》曲谱中一小部分的歌词。56个民族56套不同的服饰,就像56朵花,开在华夏大地上。

每个民族都有他们各自的特征,在文化艺术、信仰、生活习惯、传统节日等都不尽相同,但是无论是哪个民族,我们都是中国人,我们有着共同的愿望,我们希望美丽的中国更团结更强大。

产品设计部分

歌曲,娃娃作为视觉元素,运用到各种实际产品中加以推广。例如,二维码设计,二维码应用,海报设计。特别是近年来,随着移动互联网的发展,二维码也开始被广泛应用,尤其是其与电子商务的紧密结合,使二维码成为一个当下很火的概念。随着国家信息化进程的不断推进,尤其是物联网应用发展的高歌猛进,手机二维码市场面临着更多的发展机遇,正处在市场爆发的临界点。面临这些机遇,我们想到了民族服饰目前正处于一种不景气的状态,长期以来,民族服饰科研创新意识淡薄,科研队伍不强,创新型科研人才缺乏。产研脱节,各自为战,工艺落后,难以形成批量效应。设计是为了改变生活,设计是为生活需要而设计,作为一个学设计学生我们更应该看到这一点,所以为了改变民族服饰目前的现状,我们提出了与手机二维码结合的这样一种想法,希望在21世纪这样网络发达的时代,中国传统民族服饰可以借助新技术,在未来走得更远。

我们的民族服装音乐手机二维码设计可以印刷在报纸、杂志、图书及个人名片等多种载体上,用户通过手机摄像头扫描二维码,即可实现快速手机上网,下载图文、音乐、视频、获取优惠券、参与抽奖、了解企业产品信息等,还可以方便地用手机识别和存储名片、自动输入短信、获取公共服务(如天气预报)、查询电子地图、手机阅读等多种功能。手机二维码是3G时代网络浏览、应用下载、网上购物、网上支付等服务的重要入口。手机二维码扫描软件比较知名的应用有快拍、酷拍、爱拍、我查查等。

设计重点与难点

制作前的资料整理是《音"服"》系列作品的难点。在作品制作前经历了很长一段时间的资料搜集工作,从网络和书籍中搜集各个民族服装、音乐。由于中国的民族种类繁多,在资料的搜集方面就成为一件巨大的工程。经过仔细研究,打算从各个民族的服饰特点这个切入点入手。在搜集了大量民族服饰图片之后发现一个问题,那就是一些民族之间由于风俗地域相近的原因,他们在服饰上区别很小,所以会造成人们很难对这些民族进行区分,并且有些民族的歌曲记载不详细,有些还没什么记载。

民族娃娃的卡通造型的设计和绘制是《56个民族娃娃》系列作品的难点也是重点。

卡通人物一共为 56 个，每个民族有不同服装，不同的颜色，所以收集这些资料花了很长一段时间，每个民族不同地区又有不同服装，但比较相似，所以找最主要的设计，最后经过讨论、查找、设计等一系列后，出了初稿，最后再次修订，再修订，最后成型。

歌谱部分要不就是分辨率不高，要不就是不符合，最后找到三张比较好的，然后到 Photoshop 里进行艺术再加工。最辛苦的还是对 56 个娃娃的排版，因为采用原曲谱形式，所以必须严格要求与原曲谱相同。还要考虑到每个娃娃的大小，每个娃娃因为服装颜色不同，所造成的排列方式不同等。最后海报的背景的颜色选用，是改了又改，改了又改，进过长时间的观察和考虑发现，最后选用淡色系列的蓝色、橘黄色、红色。

56 张娃娃海报，也是做了很多尝试，花了很多心思。一是数量大，56 个娃娃都有自己不同的背景颜色，而这些背景颜色都是经过深思的，二是还要整理 56 个民族的音乐，特别是歌曲部分相当难找，并且有些民族的歌曲的记载不详细，有些还没什么记载。还要归纳 56 个民族歌曲特色，并对其做排版，尝试了很多形式。

二维码设计与应用部分，之前有玩过这种二维码，但并没有接触过。二维码海报设计部分同样也要考虑背景选用，字体排版，还要去收集各种关于 56 个民族服装的资料和 56 个民族比较有代表性歌曲的选用。

在整个创作过程中，十分重视软件的综合运用，重视细节的完善，力求做到精益求精。

18. BBJA4101110 | 咿呀哟

参赛学校：中国传媒大学
参赛分类：计算机音乐 | 原创类
获得奖项：一等奖
作　者：汤宁娜
指导教师：王铉

——作品简介——

这是一首 newage 风格的作品，特色在于：

1. 运用的乐器主要有二胡、古筝、电吉他、电 bass、打击乐、人声、电子 pad，是一首将中国传统音乐与西方爵士元素相融合的作品。其特点在于人声和歌词只有咿、呀、哟三个字，唱法上是流行与民族新的结合。

2. 作品是 4/4 拍子，主要采用连切的节奏型，打破常规律动。作品分为四个部分：第一部分由电子 pad、打击乐、电 bass 和电吉他引入，形成 pattern；第二部分从人声切片加二胡，进入到人声长线条与古筝的结合；第三部分加入新演奏法的二胡，穿插人声和古筝；中间过渡句是人声与电子 pad 的行进结合；第四部分突出的是人声的变化出现，并在结尾用人声将情绪推到顶峰。

3. 主要对人声进行了音频切片处理，调整了 EQ、声向，并加入 reverb 和 delay 效果器。

——安装说明——

作品只需要安装所需宿主软件 sonar 8.0，然后在 sonar 平台上安装了软音源 hypersonic、stylus RMX、colossus、RA 等，之后在此平台上完成 midi 部分的写作并录制人声的采样音频文件，再继续进行编辑处理。

最后在完成 midi 制作以后从 sonar 中直接导出 wave 格式音频文件即可。

——演示效果——

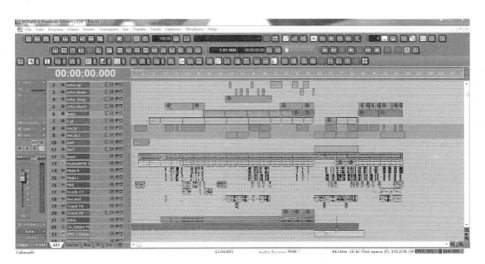

1. 这首作品主要是想运用中国传统音乐的元素,使之与西方爵士音乐相结合,通过运用具有中国特色的乐器二胡、古筝,加上现代流行的电吉他、电 bass 及其他打击乐器,最主要是以采样的一种全新的人声唱法为主线,采用音频剪切、拼贴的手段,使得不同种类的电子声与真实乐器、人声相互交错、融合,进行一种风格内容上的新的尝试。

2. 而整首作品想以人声为主要线索与特色集合,主要想采用民歌唱法与流行唱法的相结合的新式唱法,并用很有民族特色的歌词咿、呀、哟几个字来强调突出民族性特点,而这种电子化、乐器化处理后的人声,希望能形成与普通流行歌曲与众不同的特色,并且同时又能够保留并放大民歌中最有特色的部分,同时与爵士音乐元素的结合也能使得作品不失新鲜感和流行元素。

■■■— 设 计 重 点 与 难 点 —■■■■■■■■■■■■■■■■■■■■■■■■■■

整首作品最大的特色在于歌词是以最具中国民歌特色的咿、呀、哟三个字为贯穿,同时采样录制的人声是带有现代流行唱法的民歌唱腔,在作品中运用了音频的剪切拼贴手段进行编辑处理,同时在和声上结合爵士元素,这种打破传统歌曲形式的作品是一种新的创新与尝试,也是一种突破。

19. BSDA4200156 | 那样的年华

参赛学校：德州学院
参赛分类：计算机音乐 | 原创类
获得奖项：三等奖
作　　者：董孟、王正阳
指导教师：马锡骞、王洪丰

■ 作品简介 ■

　　青春是人最深刻的记忆，该作品通过运用吉他、小提琴以及人声，充分表现了青春的颜色，细腻、真挚、充满激情与幻想。向青春献礼，用音乐表达对青春的感悟，春去秋来，寒来暑往，古今皆是一般。景未变，容未老，却已物是人非，经过岁月的洗礼，我们的脸上饱含沧桑，充满忧郁。曾经，我们单纯；我们天真；我们棱角分明，不懂世俗所谓的人情世故，但被无情的岁月磨光了棱角。从此，我们复杂；我们虚伪；我们圆滑世故，开始谙熟世俗，致我们终将逝去的青春。

　　该作品音乐和歌词均为原创，在制作上，本曲采用的小提琴主旋、吉他、人声的单独录制。制作中熟练使用各种音频设备以及使用 Cubase、FLStudio 水果、Samplitude12 等一系列音频编辑软件，录音及后期制作软件、与各种软音源的调用。

　　作品的特色在于采用小提琴和人声独特的对话形式，同时运用吉他音色细腻的特点，表达出作者对青春飞逝的感悟与缅怀，面对岁月流逝，黯然悲伤。

■ 安装说明 ■

　　作品是 MP3 格式，没有特别的要求，各种音乐播放软件均可播放。例如，酷狗音乐、千千静听、QQ 音乐等音频播放软件。音乐长 4 分 30 秒，缓冲时间也不会太长，播放时，可能因为选择的播放器不同而导致播放的音乐效果有差别，在此，建议使用音乐特质较好的播放设备。

■ 演示效果 ■

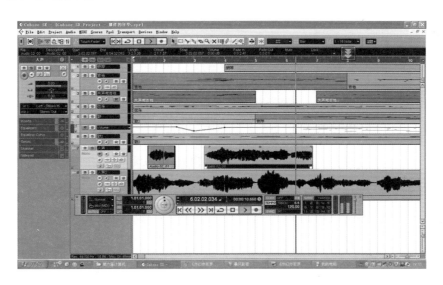

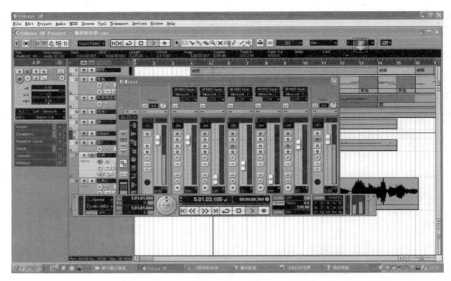

■—■ 设 计 思 路 ■—■

我们那些逝去的青春,流逝的岁月。匆匆年华,悲欢离合,掺杂着欢笑;混杂着泪水,最后演绎成点滴记忆。某天,某个时刻还会想起,都已变得模糊。岁月虽逝去,却不会把记忆抹去;虽然模糊了曾经的人和事,却遗忘不了,至少曾经在我们的世界出现过,逗留过,时间已逝去,只成追忆,蓦然回首,逝去的青春将定格在记忆里,继续在岁月中浮沉,寻觅那岁月的痕迹,脱离这滚滚红尘。

■—■ 设 计 重 点 与 难 点 ■—■

《那样的年华》是以小提琴为时间线索进行主旋律的录制,后期加入了吉他以及人声。重点在于小提琴演奏完主旋律后并不能保证与乐谱中一致,因此,还用 Cakewalk 对小提琴的主旋律进行了清晰有致的修改。难点在于经过调整后的谱子,不仅与真实乐谱就非常接近,而且经过精确的调整给曲子锦上添花,听到了与众不同的风格。

20. BBJA4300070 | 紫囚之梦

参赛学校：中国人民大学
参赛分类：计算机音乐 | 视频配乐类
获得奖项：二等奖
作　　者：胡文谷

■— 作 品 简 介 —■

视频配乐为全原创制作,我完成了作曲、填词、编曲、混音、动画、视频的所有部分。其中音乐使用 FLStudio＋电钢琴 MIDI 输入创作,演唱使用虚拟歌手软件 Vocaloid3 洛天依独立制作完成,动画部分则用 Flash 和 Photoshop 进行分镜和上色,最后运用 Vegas 后期剪辑。

音乐力求体现一种如歌般温馨而又隐约透露着怀想与悲伤的氛围。主要使用钢琴、吉他、弦乐穿插。

动画背景为我本人原创游戏系列《Eddy 紫》当中的前传故事。

本动画通过双线演绎来讲述。第一条线为人类毁灭后的未来紫色世界,第二条为女孩还是人类时在研究所牢房中的故事。

人类扭曲自然的自负将毁灭了自己,在科学发展的过程中我们应该谨慎前行,并保持良知。

■— 安 装 说 明 —■

解压后,直接使用播放器运行即可。

HDV 720-30p(1280×720 分辨率,29.970 fps)。

安装任意通用播放器均可播放。

推荐配置：

操作系统：Windows XP/Vista/7。

处理器：1.0GHz 以上处理器。

内存：512MB 以上 RAM。

显卡：512MB 以上显存。

硬盘驱动器：100＋MB 以上的可用硬盘空间。

■— 演 示 效 果 —■

HDV 720-30p(1280×720 分辨率,29.970 fps)。

动画截屏图如图 8-20-1～图 8-20-8 所示。

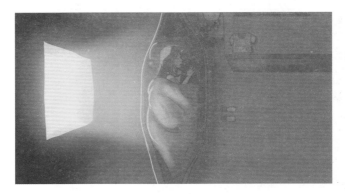

图　8-20-1

图　8-20-2

图　8-20-3

图　8-20-4

图　8-20-5

图　8-20-6

图　8-20-7

图　8-20-8

设 计 思 路

视频配乐为全原创制作，其中音乐使用 FL Studio＋电钢琴 MIDI 输入创作，演唱使用虚拟歌手软件 Vocaloid3 洛天依独立制作完成，动画部分则用 Flash 和 Photoshop 进行分镜和上色，最后运用 Vegas 后期剪辑。

音乐力求体现一种如歌般温馨而又隐约透露着怀想与悲伤的氛围。主要使用钢琴、吉他、弦乐穿插。

动画背景为我本人原创游戏系列《Eddy 紫》当中的前传故事。

本动画通过双线演绎来讲述。第一条线为人类毁灭后的未来紫色世界，第二条为女孩还是人类时在研究所牢房中的故事。

配乐故事动画大纲：

女孩 10614 号被孤儿院秘密送入研究机构，作为实验素材囚禁起来等待实验手术预定日期来临。在牢房的日子中，她结识了热情的狱友男孩 10626 号。

男孩先进行手术，在手术过程中偷偷拿到了离开监狱的钥匙卡。于是他带领女孩逃离实验室，却在接近成功时由于手术病毒的突发倒下，转变为球体生物——女孩为了掩护他再次落入魔手……

镜头回到未来世界，人类几乎全部被自己研究出来的恐怖生物所消灭，但是男孩（已经变为紫球）和女孩因为实验后体质突变，反而适应了末日环境，过着悠闲的生活。只不过女孩已经失忆，忘记了痛苦的实验，忘记了那位狱友，只有在梦中才能隐约回想起人类时光的点点滴滴……至于男孩，则会一直默默陪伴在她身边。

何处才是真实？何处才是童话？女孩只想守护住现在的幸福。

人类对于扭曲自然的自负毁灭了自己，在科学发展的过程中我们应该谨慎前行，并保持良知。

在保持原创的前提下,进行一系列创作。

如何才能把音乐要表达的核心情感传达给观众是这次创作中最重要的部分之一。

从动画分镜体现出合适的场景切换,能让观众一遍看懂故事内涵。

在根据设计重点进行创作的过程中,我遇到了很多前所未有的挑战,并一一解决:

在不同音源中需要适时使用其自带的各种演奏技法和表情,反复调试才达到了目的。

填词时,又要做到把分镜脚本中的内容与歌词联系起来,不能过于直白地体现故事内容。

此外,由于是初次尝试写歌以及初次使用洛天依歌手演唱软件来创作歌手音点,很多东西都是边做边学。

混音部分把主要精力放在了加宽音场,突出歌手声部中。

动画方面则需利用可以达到的绘画技术水平体现最好的动态效果。

参赛学校：杭州师范大学

参赛分类：软件与服务外包｜办公软件及应用

获得奖项：一等奖

作　　者：汤益飞、肖婷婷、杨博、金雨雷、虞继峰

指导教师：陈翔

■ 作 品 简 介 ■

设计目标：

解决传统快递单被贩卖，客户信息遭泄露的问题。

解决货件物流信息滞后，客户体验差的问题。

解决快递员任务多，线路安排不合理的问题。

解决财务统计效率低、业务员绩效统计烦琐的问题。

解决快递员服务态度不一、"软服务"质量低下的问题。

公司旨在通过该系统优化工作流程，提高效率，增加收益。

关键技术：

我们采用二维码存储用户信息加密技术，迪杰斯特拉（Dijkstra）算法，结合 GIS 地图、GPRS 数据传输，应用 JavaWeb 开发的 SSH 框架，能自动生成数据图表显示业绩，并进行移动端开发，打造出全新的物流服务系统。

项目亮点：

二维码技术保障客户信息安全。

货件可视化跟踪提升客户体验。

线路规划提高快递员工作效率。

业绩统计及分析方便管理决策。

售后服务评价提高"软服务"质量。

■ 安 装 说 明 ■

移动端安装说明

1. 安装作品必须是 Android 2.3.1 及其以上版本的手机。

2. 解压项目源码中的 AXD.rar，在 AXD\bin 下找到 AXD.apk 右键选择 PkgInstaller，然后选择安装，就可以安装到手机。

3. 打开安装后的图标就可以注册或者登录。

网页版安装说明

1. 安装 JDK_1.6.0（推荐安装到默认目录）。

2. 安装 Tomcat6.x 或者解压 Tomcat6.x。

3. 安装 MyEclipse10.0（推荐安装到默认目录），打开 MyEclipse 在 Preference-MyEclipse-Servers-Tomcat 选择 Configure Tomcat 6.x，然后选择安装的 Tomcat 的路径。

4. 安装 MySQL 数据库,配置用户名为 root,密码为"123456",并导入数据库表。

5. 导入本项目源码到 MyEclipse 运行发布。

演 示 效 果

安迅达公司官网如图 8-21-1~图 8-21-3 所示。

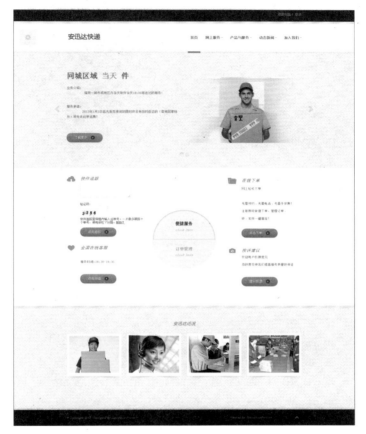

图　8-21-1

图　8-21-2

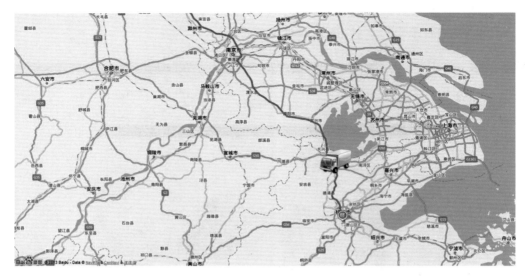

图　8-21-2（续）

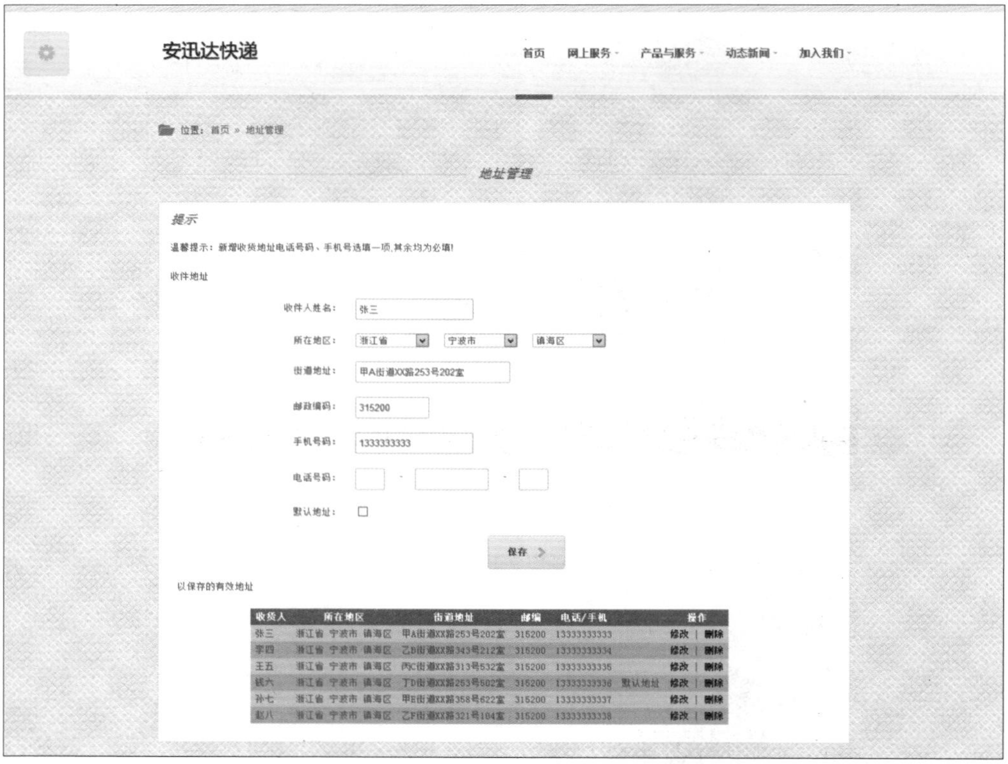

图　8-21-3

移动客户端如图 8-21-4～图 8-21-7 所示。

移动员工端如图 8-21-8～图 8-21-11 所示。

安迅达后台管理系统如图 8-21-12 和图 8-21-13 所示。

图 8-21-4

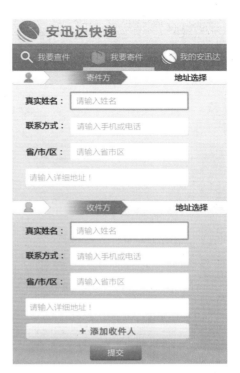

图 8-21-5

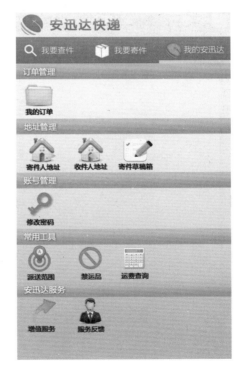

图 8-21-6

图 8-21-7

图 8-21-8

图 8-21-9

图 8-21-10

图 8-21-11

图　8-21-12

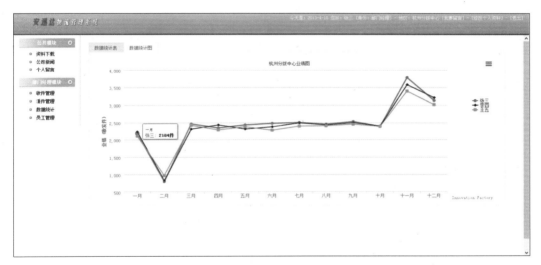

图　8-21-13

━ 设 计 思 路 ━

　　快递业在飞速发展的同时,暴露出客户信息泄露,物流信息滞后等问题。与此同时,大量的快递品牌涌入市场,造成快递业软服务质量低下。我方拟设计一套完整的解决方案,运用基于二维码的物流服务系统实现快递业工作流程的规范化和高效化。在软件设计原则上,秉持简单易用的原则。加密的二维码技术除隐藏客户信息外,通过扫描还可用于收货确认机制。为方便客户随时寄件、查件并打破现场寄件的局限性,我方除 Web 端之外还开发了移动客户端,并实现了数据实时交互。采用基于 GIS 的货件位置实时跟踪,满足客户通过官网及移动端查询物流信息。此外,为提高快递员的收派件效率,我方设计了移动员工端方便快递员查看任务,并以智能导航模块合理规划收派路线。

1. 导航模块中最优路线推荐。采用迪杰斯特拉算法,根据各货件收、派送点位置情况规划一条最优路线。

2. 二维码加密、解密以及扫描优化。对客户填写的寄件申请信息加密后生成二维码,在读取时对信息进行解密,同时优化读取二维码的速度。

3. 业绩动态统计分析。根据员工的业绩情况,动态生成业绩统计分析图。

参赛学校:上海大学

参赛分类:软件与服务外包 | 嵌入式设计

获得奖项:一等奖

作　　者:石溢洋、肖任、裴栋彬

指导教师:邹启明

■■■ ── 作 品 简 介 ── ■■■

　　随着物联网的发展,我们可以把任何物品与互联网相连接,进行信息交换和通信,以实现对物品的智能化识别、定位、跟踪、监控和管理。我们团队所开发的这套系统就是基于物联网的用于家居管理的网站。在这个网站上可以实时看到我们家庭的温湿度情况和其中电器的状态(为了便于开发,这里用 4 个 Led 灯代表 4 种电器),并且可以在网站上操作实现对电器的控制。这样就可以在不方便到达居所的情况下实现了远程监控和管理,从而方便我们的生活。

■■■ ── 安 装 说 明 ── ■■■

　　本作品涉及硬件和网络通信,由于条件限制,故采用 TCP 调试工具(在本文件夹中,运行 TCP 调试助手(V1.9).exe 即可),来模拟硬件数据传输过程。由于本作品是采用 Java 语言处理网络端口与数据库的通信,所以要执行此操作需要搭建 Java 运行环境。运行环境变量配置方法如下。

　　安装 Jdk(在本文件夹中)后

　　1. 打开我的电脑→属性→高级→环境变量。

　　2. 新建系统变量 JAVA_HOME 和 CLASSPATH。

　　变量名:JAVA_HOME。

　　变量值:C:\Program Files\Java\jdk1.7.0。

　　变量名:CLASSPATH。

　　变量值:.;%JAVA_HOME%\lib\dt.jar;%JAVA_HOME%\lib\tools.jar;。

　　3. 选择"系统变量"中变量名为"Path"的环境变量,双击该变量,把 JDK 安装路径中bin 目录的绝对路径,添加到 Path 变量的值中,并使用半角的分号和已有的路径进行分隔。

　　变量名:Path。

　　变量值:%JAVA_HOME%\bin;%JAVA_HOME%\jre\bin;。

　　这是 Java 的环境配置,配置完成后直接启动 eclipse,它会自动完成 Java 环境的配置。

　　Java 程序名为 Sql_connect_fat.jar,执行之前需要运行数据库。执行方法是在"Sql_connect 源码"中找到文件 Sql_connect_fat.bat 双击便可执行。

　　注意事项:

　　本网站最好是在谷歌 chrome 浏览器中打开。

　　模拟硬件数据传输之前要先运行 Java 程序。

Tcp 调试助手要选择 Tcp Client 模式,远程主机地址要设置成本机 IP,如图 8-22-1
所示。

图　8-22-1

安装 wampserver。

打卡 http://localhost/phpmyadmin/。

选择权限选项,如图 8-22-2 所示。

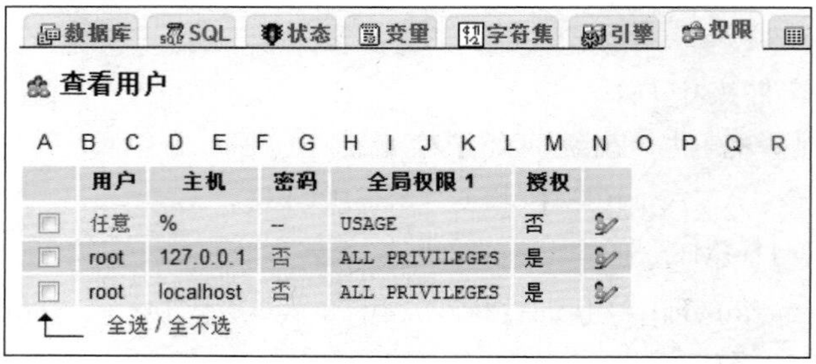

图　8-22-2

更改用户名为 root 和主机为 127.0.0.1 的密码为 xiaoren,如图 8-22-3 所示。

图　8-22-3

更改 wamp\apps\phpmyadmin3.2.0.1\ 的 config.inc.php 中 $ cfg['Servers'][$ i]
['password']=";为['user']='root';

安装

1. 将智能家居系统管理网站文件夹中的 PHPMyWind_v4.6.1 文件夹复制到

wamp/www/根目录下。

2. 在数据库 phpmywind_db 中导入 phpmywind_db. sql. zip 文件（在本文件夹中是数据库文件）。

3. 运行 wampersever，打开 http://localhost/PHPMyWind_v4.6.1/即可进入网站。详情请参见网站视频。

```
$ cfg['Servers'][$ i]['password']='xiaoren';
```

如果出现数据库不能被访问原因是数据库密码没有被更新，可以打开 wampsever 中的 mysql concle 对话框输入

```
SET PASSWORD FOR 'root'@'localhost'=PASSWORD('xiaoren');
```

重新运行 wampsever 打开 http://localhost/phpmyadmin/刷新几次就可以登录。

新建数据库 phpmywind_db。

演示效果

演示效果如图 8-22-4～图 8-22-14 所示。

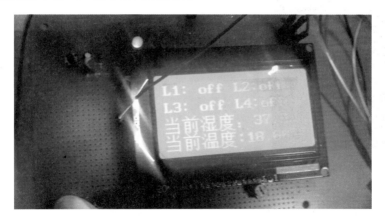

图　8-22-4

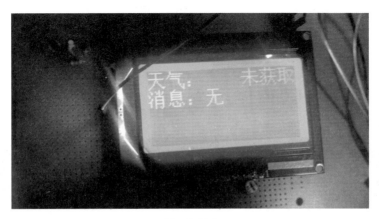

图　8-22-5

			id	nature	data_address	updata_data	status3
☐	✎	✕	51	temperature	000	18.00	
☐	✎	✕	52	humidity	001	37.00	
☐	✎	✕	53	led1	010	off	
☐	✎	✕	54	led2	011	on	
☐	✎	✕	55	led3	100	off	
☐	✎	✕	56	led4	101	off	
☐	✎	✕	57	xxxx	005	01293812	

图   8-22-6

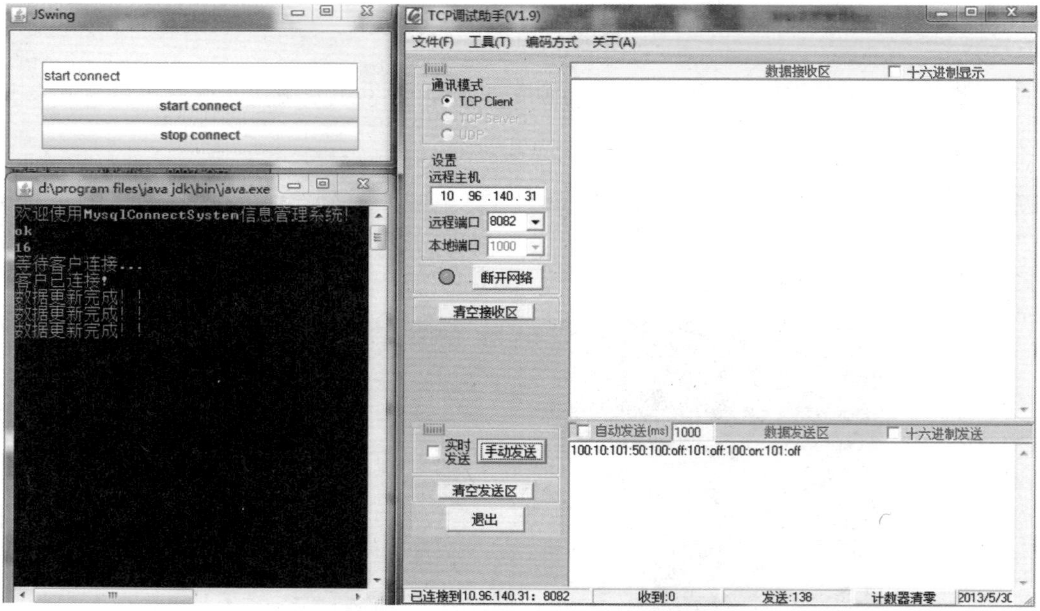

图   8-22-7

图   8-22-8

图　8-22-9

图　8-22-10

图　8-22-11

图 8-22-12

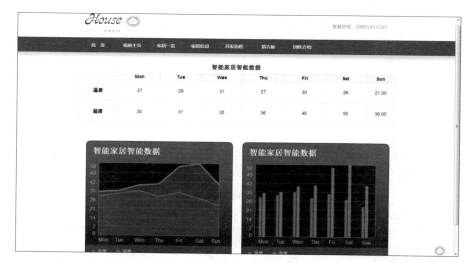

图 8-22-13

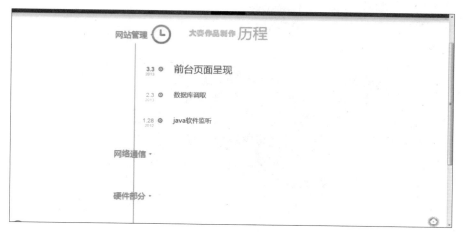

图 8-22-14

在这个系统中我们涉及家居控制中心、网络数据库和 Web 网站。考虑到互联网复杂为了在有限的时间完成想要的效果,我们接下来的工作是基于有较理想网络环境的局域网,如图 8-22-15 所示。

图　8-22-15

1．家居控制中心

家居控制中心需要完成的是数据的采集、对电器(Led 灯)的控制另外还有与网络的通信。基于开发周期较短的情况我们采用了较容易开发的 51 单片机用于我们的项目。网络通信使用 TCP 客户机/服务器模式,采用了现在刚刚兴起的串口转 WiFi 模块来完成从 51 单片机串行口到网络 TCP 服务器的工作。

2．网络数据库方面

要把单片机由 TCP 协议发送到指定端口的数据解析并储存到数据库。为了完成这样的要求采用了功能强大的 Java 语言。这样的 Java 程序仅编译就可在各种环境运行。我们使用的是在局域网之内的 PC 作为 MYSQL 数据库服务器。所以我们把 Java 程序编译为 PC 可以运行的 bat 程序。我们还在原来的基础上把原来的主程序变为一个线程,通过 javaGUI 界面控制,扩展了网络端口的多线程承载能力,也提高效率,如果要把这个系统放到互联网上我们也可以把它编译为可在网络服务器运行的程序,便于后续开发。

3．数据库选择

我们的 Web 网站开发选用了 MYSQL 数据库。由于 PHP 为 MySql 提供了强力支持,PHP 中提供了一整套的 MySql 函数,对 MySql 进行了全方位的支持。

■■■━ 设计重点与难点 ━■ ■■■■

本系统的重点在于软件和硬件相结合。通过与硬件通信可以实现:

(1) 呈现家居信息。

(2) 家居控制。

(3) 数据报表统计。

本系统的难点在于网站数据与硬件的交互。数据库作为沟通这两方面的介质,我们的所有东西都应以数据库为中心展开。为了实现功能我们制定了一系列数据规则。在网站呈现方面,我们旨在给用户更好的用户体验,可以一目了然家中的各种电器的工作状态,整个网站的布局追求简洁大气,网站的颜色基调力求阳光和自然。

23. BLNA6100212 | 津桥商学院信息化平台

参赛学校：东北财经大学津桥商学院
参赛分类：软件与服务外包｜移动平台应用开发
获得奖项：一等奖
作　　者：李留灿、李祎哲、陈苏萍、杨静岚、许敏
指导教师：杨青锦

■■■ — **作 品 简 介** — ■■■

　　本作品集物联网、计算机视觉、基于位置的服务三大前沿技术于一身，为东北财经大学津桥商学院提供了理念超前、技术先进、功能强大的信息化平台解决方案。津桥商学院信息化平台的核心是运行于安卓智能手机上的手机应用——津桥魔方，该应用连接了信息化平台的各元素：校学生成绩数据库、信息发布平台、传感器网络、远程网络摄像机；该应用还提供了创新的基于位置服务功能，实现了在双方许可情况下的相互定位。另外，该应用提供了传统实用的校园服务，如班级课表查询、可用教室查询和教师课表查询。津桥商学院信息化平台，不仅仅是一款普通的校园手机应用，而是将校园服务整合为一个整体的、理念超前的综合服务平台。

■■■ — **安 装 说 明** — ■■■

　　作品安装说明：
　　将本作品提交的应用程序 MagicCube2.2.apk 解压到计算机上。
　　在计算机上安装并运行豌豆荚/手机助手等手机管理软件，将手机连接到计算机。
　　使用上述软件的应用安装功能，选择本作品提交的应用程序 MagicCube2.2.apk，便可将津桥魔方安装至安卓智能手机。

■■■ — **演 示 效 果** — ■■■

　　主界面如图 8-23-1 所示。
　　查课表如图 8-23-2 所示。
　　找教室如图 8-23-3 所示。
　　找老师如图 8-23-4 所示。
　　逛食堂如图 8-23-5 所示。
　　查成绩如图 8-23-6 所示。
　　看通告如图 8-23-7 所示。
　　查温度如图 8-23-8 所示。
　　看公交如图 8-23-9 所示。
　　找朋友如图 8-23-10 所示。
　　提意见如图 8-23-11 所示。

图 8-23-1

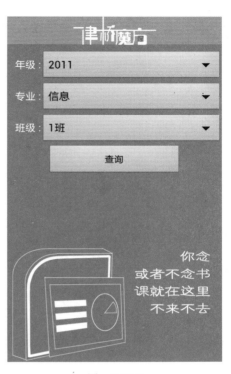

图 8-23-2

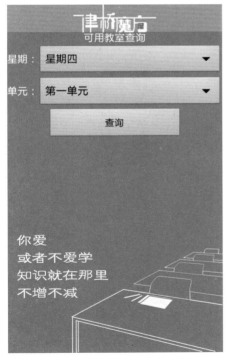

图 8-23-3

图 8-23-4

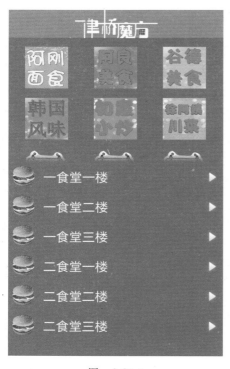

图 8-23-5

图 8-23-6

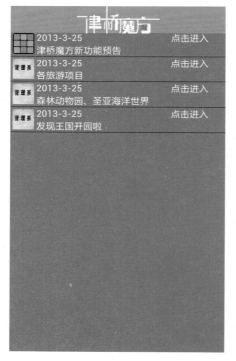

图 8-23-7

图 8-23-8

图　8-23-9

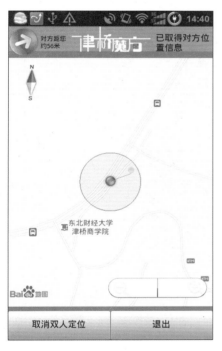

图　8-23-10

图　8-23-11

━■ 设 计 思 路 ━■

　　本作品集物联网、计算机视觉、基于位置的服务三大前沿技术于一身,为东北财经大学津桥商学院提供了理念超前、技术先进、功能强大的信息化平台解决方案。

　　应用了物联网技术的"查温度"功能,单片机从温度传感器获取温度数据,经由网络服务器,最终被使用安卓手机的用户获取。为用户提供实时的温度查询体验。

　　"看公交"模块,安卓程序通过网络获取远程网络相机抓拍的图片,让津桥师生实时查看公交车站的情况成为可能,方便了同学们的生活。

使用了前沿技术——基于位置的服务的"找朋友"功能，实现了在双方许可情况下的相互定位，解决了双人定位的技术难题。为津桥学生的生活提供了更多的方便，增加了更多的乐趣。

"查成绩"模块，手机应用直接连接校学生成绩网站，只需要输入学号和密码，即可查询本学期成绩和各个学期成绩。本模块同时具备提醒功能，程序在后台运行，当有新成绩到来时，即提醒并告知用户成绩。

"看通告"为学生提供重要的、实用的信息，搭建了校内信息发布平台。

津桥魔方还提供了一些贴近学生日常生活的查询功能："查课表"提供了班级课表的查询，"找教室"提供了可用教室的查询，"找老师"提供了教师课表的查询。

设计重点与难点

津桥商学院信息化平台的核心是运行于安卓智能手机上的手机应用——津桥魔方，而津桥魔方的设计重点和难点即分别采用了前沿技术的"查温度"、"看公交"和"找朋友"三个模块。"查温度"使用物联网技术，实现了自主的校内传感器网络及信息发布渠道。"看公交"采用了计算机视觉技术，实现了远端网络摄像机信息和手机客户端的对接。"找朋友"实现了当前最热门的手机应用发展方向——基于位置的服务（LBS）的应用。以上三大前沿技术与校园服务的结合，构建了津桥商学院功能多元的校园服务信息化平台。